ISW Forschung und Praxis

Berichte aus dem Institut für Steuerungstechnik
der Werkzeugmaschinen und Fertigungseinrichtungen
der Universität Stuttgart

Herausgeber: Prof. Dr.-Ing. G. Pritschow

Band 63

Jürgen Fleckenstein

Zustandsgraphen für SPS – Grafikunterstützte Programmierung und steuerungsunabhängige Darstellung

Springer-Verlag Berlin Heidelberg GmbH 1987

D 93

Mit 52 Abbildungen

ISBN 978-3-540-17549-0   ISBN 978-3-662-11003-4 (eBook)
DOI 10.1007/978-3-662-11003-4

Geleitwort des Herausgebers

In der Reihe „ISW Forschung und Praxis" wird fortlaufend über Forschungs-
ergebnisse des Instituts für Steuerungstechnik der Werkzeugmaschinen und
Fertigungseinrichtungen der Universität Stuttgart (ISW) berichtet, das sich in
vielfältiger Form mit der Weiterentwicklung des Systems Werkzeugmaschine
und anderer Fertigungseinrichtungen beschäftigt. Die Arbeiten dieses Instituts
konzentrieren sich im besonderen auf die Bereiche Numerische Steuerungen,
Prozeßrechnereinsatz in der Fertigung, Industrierobotertechnik sowie Meß-,
Regel- und Antriebssysteme, also auf die aktuellsten Bereiche der Fertigungstechnik. Dabei stehen Grundlagenforschung und anwenderorientierte
Entwicklung in einem stetigen Austausch, wodurch ein ständiger Technologie-
transfer zur Praxis sichergestellt wird.

Die Buchreihe erscheint in zwangloser Folge und stützt sich auf Berichte über
abgeschlossene Forschungsarbeiten und Dissertationen. Sie soll dem Inge-
nieur bei der Weiterbildung dienen und ihm Hilfestellungen zur Lösung spezifi-
scher Probleme geben. Für den Studierenden bietet sie eine Möglichkeit zur
Wissensvertiefung. Sie bleibt damit unter erweitertem Namen und neuer Her-
ausgeberschaft unverändert in der bewährten Konzeption, die ihr der Gründer
des ISW, der leider allzu früh verstorbene Prof. Dr.-Ing. G. Stute, im Jahre 1972
gegeben hat.

Der Herausgeber dankt der Druckerei für die drucktechnische Betreuung und
dem Springer Verlag für Aufnahme der Reihe in sein Lieferprogramm.

G. Pritschow

<u>**Vorwort**</u>

Die vorliegende Arbeit entstand während meiner Tätigkeit als
wissenschaftlicher Mitarbeiter am Institut für Steuerungstechnik der Werkzeugmaschinen und Fertigungseinrichtungen
der Universität Stuttgart.

Herrn Professor Dr.-Ing. A. Storr gilt mein besonderer Dank
für das Interesse an meiner Arbeit und die wohlwollende
Unterstützung bei ihrer Entstehung. Seine intensive Durch-
sicht und die damit verbundenen wertvollen Hinweise haben
ganz wesentlich zu ihrem Gelingen beigetragen. Ebenso danke
ich Herrn Professor Dr.-Ing. G. Pritschow für weiterführende
hilfreiche Anregungen.

Mein Dank gilt auch Herrn Professor Dr.-Ing. H.-J. Warnecke
für seine Bereitschaft, den Mitbericht zu übernehmen.

Darüber hinaus möchte ich mich bei allen Mitarbeiterinnnen
und Mitarbeitern des Instituts bedanken, die meiner Arbeit
durch anregende Kritik und Diskussionen zusätzliche Impulse
verliehen haben. Dieser Dank gilt insbesondere den Herren
Dr.-Ing. W. Renn, Dipl.-Ing. M. Härdtner, Dipl.-Ing. W.
Grimm und Dipl.-Ing. J. Schneider.

                                        Jürgen Fleckenstein

Inhaltsverzeichnis

Abkürzungen, Bezeichnungen und Symbole

Abkürzungen

ADMZ	Adreßdistanzen der Matrixzeilen
ADÜB	Adreßdistanzen der Übergangsbedingungen
B	Byte (8 bit)
BA	Basisadresse
BNF	Backus-Naur-Form
CAD	computer aided design, rechnerunterstütztes Konstruieren
CNC	rechnergeführte numerische Steuerung (computerized numerical control)
CILA	controller interpreter language
CIMA	controller interpreter with masks
DSÜB	Datensätze der Übergangsbedingungen
DW	Doppelwort (32 bit)
DZ	Diagnosezeitzähler
E/A	Ein-/Ausgabe
EG	Elementarbaugruppe
FE	Funktionseinheit
FG	Funktionsgruppe
GKS	Graphisches Kernsystem
MZ	Matrixzeile
PuTE	Programmier- und Testeinrichtung
RAM	random access memory
RENEST	rechnerunterstützter Entwurf elektrischer Steuerungen
RFZ	Regalförderzeug
S	Stack, Kellerspeicher
SG	Systemgruppe
SP	Sprung
SPJ	Sprung falls 'L'
SPN	Sprung falls '0'
SPS	speicherprogrammierbare Steuerung
TB	Teilbedingung
TZT	Zykluszeittakt

W	Wort (16 bit)
ZV	Zählvariable
ZÜM	Zustandsübergangsmatrix
ZA	Zustandsanweisung
ZZV	Zeitzählervariable

Bezeichnungen

A_i, A_j	Startbedingungen
B_{xF}	Fehlerbedingung aus beliebigem Zustand x in den Fehlerzustand F
D_1, D_2	Diagonalenendpunkte eines Textfeldes
d_{MZi}	Adreßdistanz für Matrixzeile i
d_{kij}	Adreßdistanz für Übergangsbedingung k_{ij}
G_m, G_n, G_z	Bezeichnungen für Zustandsgraphen
GA, GB, GC	Bezeichnung für Graphen in Zyklus A, B oder C
i, j	allgemeine Zählvariable
k	Reduktionsfaktor für Abschätzung der Zykluszeitüberwachung
k_{ij}	Übergangsbedingung vom Zustand i in den Zustand j
m	Anzahl Grundstrukturen
n	allgemeine Zählvariable
n_{Lij}	Anzahl Logiksteueranweisungen pro Strukturvariante
n_{Tij}	Anzahl Testanweisungen pro Strukturvariante
n_b	Anzahl der Zustandsübergänge in einem Graphen
n_g	Anzahl der Zustandsgraphen in einem SPS-Zyklus
n_s	Anzahl Strukturvarianten
n_v	Anzahl Variable in einer Booleschen Gleichung
n_{vmax}	maximale Variablenanzahl in einer Gleichung
n_z	Anzahl der Zustände in einem Graphen
p	Wahrscheinlichkeit
R	Radius eines Zustandskreises
S_i, S_j	Geber bzw. Gebersignale
S_z	Zählsignal
s_{TB}	Toleranzbereich für Stillstand bei Positionierung
s_R	Reaktionsweg
$T_A \ldots T_C$	Beauftragungszeiten für SPS-Zyklen, Zykluszeiten

T_{GI} Grundzeittakt für Zeitverwaltung

T_g Grundtakt Basiszeitglied

T_z Zykluszeit

T_1 Zeitgrenze für Verlassen der Startposition

T_2 untere Zeitgrenze für die Ausführung einer Aktion

T_3 obere Zeitgrenze für die Ausführung einer Aktion

T_4 Zeitgrenze für Abbruch der Zeitüberwachung

$t_{AM} \ldots t_{CM}$ mittlere Bearbeitungszeiten für SPS-Zyklen A...C

t_{Bmax} mittlere Bearbeitungszeit der Übergangsbedingung eines Graphen mit höchster Variablenzahl

t_{BV} Vorbereitungszeit zur Ermittlung der Daten einer Übergangsbedingung

$t_{E/A}$ Zeit für die Aktualisierung des E/A-Abbilds

t_{GM} mittlere Bearbeitungszeit für einen Graphen

t_{GV} Vorbereitungszeit zur Ermittlung eines Graphen

t_H, t_L Zeitdauer für High- und Low-Pegel eines Zählsignals

t_{Log} Ausführungszeit für eine Logiksteueranweisung

t_{Test} Ausführungszeit für eine Testanweisung

$t_{ÜM}$ mittlere Bearbeitungszeit für eine Übergangsbedingung

t_{ZM} mittlere zyklische Bearbeitungszeit für ein Steuerprogramm mit einem Zyklus

V_k Verknüpfungstiefe

V_{km} mittlere Verknüpfungstiefe

Z_F Fehlerzustand

$Z_p \ldots Z_t$ Bezeichnungen für Zustände

μ mittlere Anzahl zu prüfender Variable

μ_L mittlere Anzahl Logiksteueranweisungen

μ_T mittlere Anzahl Testanweisungen

μ_{Y1}, μ_{Y2} mittlere Anzahl zu prüfender Variable in Gleichung Y1 bzw. Y2

Symbole

$\overline{}, \neg$ Negation

$\wedge$ Konjunktion

$\vee$ Disjunktion

1 <u>Einleitung</u>

Die Leistungsfähigkeit von speicherprogrammierbaren Steuerungen (SPS) hat in den letzten Jahren aufgrund rasanter Entwicklungen auf dem Gebiet der Mikroelektronik sehr stark zugenommen. Mikroprozessoren mit umfangreichem Befehlsvorrat und immer höherer Verarbeitungsgeschwindigkeit begünstigen den Einsatz neuer und verbesserter Methoden für den Entwurf von Funktionssteuerungen /1/. Ein Engpaß für die Anwendung neuer Methoden war bisher der begrenzte Programmspeicher in den auf dem Markt erhältlichen Steuerungen. Die Forderung nach mehr Komfort und Flexibilität verlangt aufwendigere und damit an Umfang zunehmende System- und Steuerprogramme. Sie bedingen einen wachsenden Speicherbedarf, welcher aufgrund der ständigen Weiterentwicklung von Speicherbausteinen mit hoher Integrationsdichte jedoch für die Kostenbetrachtung eine immer mehr untergeordnetere Rolle spielt.

Maßgeblich ist vor allem der zeitliche Aufwand zum Entwurf von Steuerprogrammen für Fertigungseinrichtungen, deren Implementierung und Test. Darüber hinaus ist während des Betriebs einer speicherprogrammierbaren Steuerung an einer Anlage eine laufende Überwachung der Steuerung sowie eine Fehlerdiagnose zur Ermittlung steuerungsexterner Fehler /2,3/ erforderlich, um den Zeitaufwand für die Behebung von Störungen möglichst gering zu halten.

Die Entwicklung der auf dem Markt befindlichen speicherprogrammierbaren Steuerungen läßt erkennen, daß sich der Aufbau einer Steuerung, bestehend aus Zentraleinheit mit Prozessor und Speicher sowie den peripheren Ein-, Ausgabeeinheiten und Zusatzbaugruppen, immer mehr dem eines Prozeßrechners angleicht. Die Programmierung beschränkt sich nicht mehr auf die ausschließliche Verknüpfung von binären Signalen (z.B. Gebersignale von Tastern, Endschaltern etc.), sondern es werden zusätzliche Funktionen zur Verarbeitung von digitalen Informationen angeboten. Diese umfassen hauptsächlich ein-

fache Operationen wie Codewandlung, Zählfunktionen, Vergleiche von ganzen Zahlen und Festpunktarithmetik.

Die Zustandsgraphen bieten sich für die Darstellung von
Steuerungsaufgaben, neben dem Kontaktplan /4/, der Anweisungsliste /4/ und dem Funktionsplan /5/, als eine weitere
Beschreibungsalternative an. Sie finden z. Zt. Anwendung in
flexiblen Fertigungssystemen zur Steuerung und Verkettung
der einzelnen Elemente einer Gesamtanlage /6/, ebenso können
sie in numerischen Fördermittelsteuerungen zur Verarbeitung
von Schaltfunktionen eingesetzt werden /7,8/. Dabei orientiert sich die Gliederung einer zu steuernden Transport-
oder Fertigungseinrichtung an den Einzelfunktionen dieser
Einrichtung wie z.B. Spannen von Werkzeugen oder Paletten,
Dreh- und Zuführbewegungen. Durch die Beschreibung der
Steuerungsaufgaben mit Zustandsgraphen erhält man den Vorteil einer steuerungsunabhängigen Darstellung von Maschinen-
funktionseinheiten und Abläufen.

Die zur Zeit auf dem Markt erhältlichen speicherprogrammierbaren Steuerungen unterschiedlicher Hersteller sind hauptsächlich auf die Programmiermethoden ausgerichtet, welche
auf dem Kontaktplan, Funktionsplan und der Anweisungsliste
basieren. Steuerprogramme auf Basis von Zustandsgraphen
können im allgemeinen nicht oder nur mit großen Einschränkungen auf diesen Steuerungen implementiert werden, da für
diese Methode deren Befehlsvorrat ungeeignet ist.

In den vergangenen Jahren wurden einzelne Ansätze gemacht
mit dem Ziel, rechnerunterstützt mit Zustandsgraphen programmieren zu können. Das Programmiersystem RENEST /9/ bietet die Möglichkeit, aus einem Katalog von Zustandsgraphen-
typen /10/ die für die Problemlösung geeigneten Graphen
auszuwählen, zu parametrisieren und mittels eines Compilers
für eine handelsübliche speicherprogrammierbare Steuerung zu
übersetzen. Dieses Programmiersystem ist nur auf einem
größeren Rechner lauffähig und bietet für die Inbetriebnahme

und Test keine ausreichenden Möglichkeiten für den direkten
Dialog mit der Steuerung in der Eingabesprache.

Eine weitere Möglichkeit besteht in der Definition geeigneter Steuerungsanweisungen, welche eine direkte Programmierung von Zustandsgraphen erlauben /11/. Zur Realisierung von
Fehlerüberwachung und -diagnose steuerungsexterner Fehler in
der Steuerung wurde in Verbindung mit dem Interpreter CIMA
/12/ die Eingabesprache CILA /3/ entwickelt, die dafür zusätzliche Sprachelemente bietet.

Die vorliegende Arbeit befaßt sich mit der Erstellung,
Implementierung und Test von Steuerprogrammen für speicherprogrammierbare Steuerungen. Die mit Zustandsgraphen steue-
rungsunabhängig dargestellten Steuerungsaufgaben /13/ bilden
die Voraussetzung. Ausgehend von der Analyse der Zustandsgraphen für die Eignung zur Lösung unterschiedlicher Steuerungsaufgaben soll hier eine Grundlage geschaffen werden, um
Steuerprogramme in einer prozessorunabhängigen Eingabesprache systematisch entwerfen zu können. Hierbei sind
detaillierte Betrachtungen erforderlich, um die für die
Programmierung notwendigen Funktionen /14/ zu ermitteln.
Ferner sind Untersuchungen durchzuführen, die zeigen, welche
Sonderfälle und Einschränkungen bei der Erstellung von
Steuerprogrammen mit Zustandsgraphen auftreten können.

Ziel der Arbeit ist die Ermittlung und Erprobung eines Verfahrens, bei dem das Steuerprogramm in einen prozessorunabhängigen Datensatz abgebildet und in der Steuerung interpretativ verarbeitet wird. Hierzu werden die zeitlichen
Anforderungen für die Verarbeitung des Datensatzes in der
Steuerung untersucht und daraus ein geeigneter Aufbau des
Datensatzes hergeleitet. Die Anforderungen an die Steuerung
sowie an das Programmiergerät ergeben sich aus dem abgelei-
teten Datensatz als Schnittstelle zwischen Programmiergerät
und Steuerung sowie aus der Betrachtung der Schnittstelle
zwischen dem Programmierer und Programmiergerät.

2 Analyse der Beschreibungform 'Zustandsgraph' für die Darstellung von Steuerungsaufgaben

Ausgangspunkt und Grundlage für die vorliegende Arbeit ist die Darstellung von Steuerungsaufgaben mit Zustandsgraphen. Diese Beschreibungsform war aufgrund erweiterter Aufgabenbereiche (z.B. Fehlerdiagnose) in den letzten Jahren einer stetigen Wandlung unterworfen, als Folge ergaben sich uneinheitliche Darstellungen.

Deshalb erfolgt einführend die Definition der mit Zustandsgraphen zusammenhängenden Begriffe und die Abgrenzung gegenüber den bisher verwendeten. Anschließend werden die bestehenden Verfahren zur Beschreibung mit Zustandsgraphen analysiert und noch vorhandene Schwachstellen aufgezeigt. Zielsetzung ist, diese Verfahren auf eine gemeinsame Basis zu bringen und so zu erweitern, daß für nachfolgende Untersuchungen eine eindeutige Beschreibungsform zugrunde liegt.

2.1 Begriffsdefinitionen

Die Verwendung einzelner Begriffe beim Einsatz von Zustandsgraphen bei Steuerungen für Fertigungseinrichtungen ist teilweise historisch bedingt. Die Begriffe entstanden bei den ersten Implementierungen der Steuerprogramme mit Zustandsgraphen auf solchen Steuerungen, welche nur binäre Operationen ausführen konnten (Bitprozessoren). Dabei wurden die Begriffe aus der Schaltwerk- und Automatentheorie /15,16/ übernommen und die Modellbildung von sequentiellen Schaltnetzen (Schaltwerken) nach dem Automatenmodell von Moore /17/ durchgeführt.

Die rasche Weiterentwicklung von speicherprogrammierbaren Steuerungen mit erhöhter Leistungsfähigkeit und die Einführung der Wortverarbeitung ermöglichte den Übergang der einschrittigen Zustandscodierung zur (1 aus n)-Codierung /10/ (vgl. Bild 2.1 und Bild 2.2). Dadurch entfielen die Berech-

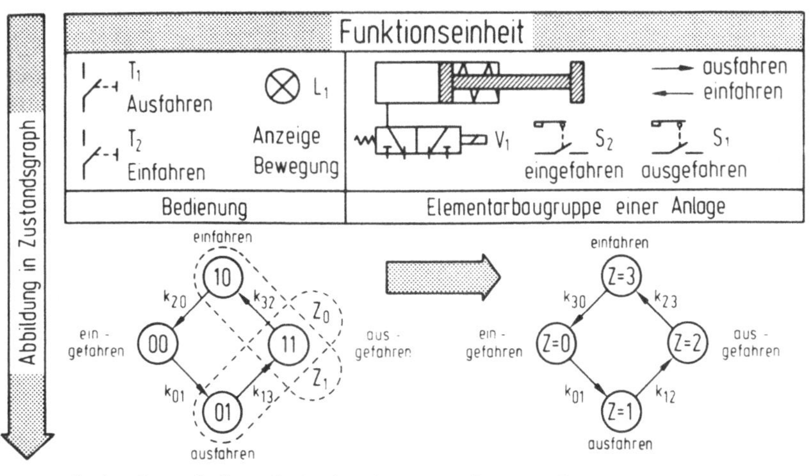

Graph mit einschrittiger Zustandscodierung
(2 binäre Zustandsvariable Z_0, Z_1)

Graph mit Zustandscodierung 1 aus n
(1 digitale Zustandsvariable Z)

Bild 2.1: Wandlung der Zustandscodierung durch Einführung der Wortverarbeitung

Graph mit einschrittiger Codierung	Graph mit Codierung 1 aus n
Übergangsbedingungen	Übergangsbedingungen :
$k_{01} = T_1$ (Befehl "Ausfahren") $k_{13} = S_1$ (ausgefahren) $k_{32} = T_2$ (Befehl "Einfahren") $k_{20} = S_2$ (eingefahren)	$k_{01} = T_1$ (Befehl "Ausfahren") $k_{12} = S_1$ (ausgefahren) $k_{23} = T_2$ (Befehl "Einfahren") $k_{30} = S_2$ (eingefahren)
Zustandsermittlung durch Zustandsfunktion : $Z_0 = (\overline{Z_0} \wedge \overline{Z_1} \wedge k_{01}) \vee (Z_0 \wedge Z_1 \wedge \overline{k_{32}})$ $Z_1 = (Z_0 \wedge \overline{Z_1} \wedge k_{13}) \vee (\overline{Z_0} \wedge Z_1 \wedge \overline{k_{20}})$	Zustandsermittlung –Prüfen aller aus einem Zustand x wegführenden Bedingungen k_{xn} ($n = 1 \ldots m$) –$Z = n$ bei erfüllter Bedingung k_{xn}
Ausgabefunktionen $V_1 = Z_0$ $L_1 = (Z_0 \wedge \overline{Z_1}) \vee (\overline{Z_0} \wedge Z_1)$	Zustandsanweisungen für ZA_0 $L_1 = 0$ (Aus) $Z = 0$ ZA_1 $L_1 = 1$ (Ein); $V_1 = 1$ (Ein) $Z = 1$ ZA_2 $L_1 = 0$ (Aus), $Z = 2$ ZA_3 $L_1 = 1$ (Ein), $V_1 = 0$ (Aus) $Z = 3$

Bild 2.2: Grundlegende Gleichungen zur Ermittlung eines Zustandswechsels und Ausführung von Aktionen

nungen der binären Zustandsvariablen mittels Zustandsfunktionen (sog. Erregergleichungen), sowie die Berechnung der Ausgabevariablen durch Verknüpfungen der binären Zustandsvariablen in den Ausgabefunktionen.

So ist z.B. der Begriff der 'Ausgabefunktion' nicht mehr gerechtfertigt, da den einzelnen Zuständen, die ein Graph annehmen kann, nur noch eine Folge von Anweisungen zugeordnet werden, welche aufgrund einer Zustandsänderung zur Ausführung gelangen. Hierzu sind dann keine logischen Verknüpfungen der Zustandsvariablen zur Ermittlung der Werte für die Ausgabevariablen mehr notwendig. <u>Bild 2.1</u> in Verbindung mit <u>Bild 2.2</u> zeigt die Wandlung des Einsatzes von Zustandsgraphen anhand einer einfachen Funktionseinheit einer Anlage im direkten Vergleich. Es ist ersichtlich, daß den bisher verwendeten Begriffen nun unterschiedliche Bedeutungen zukommen.

2.1.1 <u>Begriffe in Verbindung mit Zustandsgraphen</u>

Die bisher verwendeten Begriffe Zustandsgraph, Übergangsbedingung, Ausgabefunktion und Zustandsvariable werden nachfolgend aufgrund ihrer geänderten Anwendung neu definiert. Zusätzlich neu eingeführte Begriffe werden ebenfalls vorab erläutert. Hierzu zählen Variable und Zähler, welche besondere Eigenschaften in Verbindung mit Zustandsgraphen aufweisen.

<u>Zustandsgraph</u>

Der Begriff 'Graph' kann zunächst geometrisch definiert werden: Ein Graph besteht aus einer Menge von Knoten (Punkten) und aus einer Menge von Kanten (Linien), die bestimmte Knoten miteinander verbinden. Für die Kanten kann eine Vorzugsrichtung durch Verwendung von Pfeilen gegeben werden, es ensteht der Begriff des 'gerichteten Graphen'.

Auf den Einsatz in der Steuerungstechnik bezogen entsprechen die einzelnen Knoten eines <u>gerichteten Graphen</u> den Zuständen, welche eine Funktionseinheit einer zu steuernden Einrichtung annehmen kann. Deshalb spricht man hier vom <u>Zustandsgraphen</u> im Gegensatz zur Darstellung eines Automatenmodells nach Moore oder Mealy durch einen Automatengraphen, bei dem mit den Zuständen die <u>Zustände im Schaltwerk</u> gemeint sind.

Die Kanten des Graphen stellen die möglichen Übergänge von einem Zustand in einen anderen innerhalb einer Funktionseinheit dar. Aufgrund erfüllter Bedingungen kann dadurch ein Zustandswechsel erfolgen. Deshalb bezeichnet man die Kanten als Übergangsbedingungen.

Übergangsbedingung

Eine Übergangsbedingung ist ein Boolescher Ausdruck von binären Termen, welcher als Verknüpfungsergebnis also nur die Größen 'wahr' oder 'falsch' liefern kann. Ein binärer Term kann hier sein:

- Abfrage eines binären Signals,
- Vergleich eines arithmetischen Ausdrucks,
- Aufruf einer weiteren Bedingung.

Das Verknüpfungsergebnis 'wahr' einer Übergangsbedingung löst den Zustandswechsel von dem Ausgangszustand in den Zielzustand aus.

In den Übergangsbedingungen wurden seither nur binäre Eingabevariable abgefragt und miteinander logisch verknüpft. Aufgrund der geänderten Zustandscodierung und der Einführung der Wortverarbeitung in speicherprogrammierbaren Steuerungen müssen auch Vergleiche von digitalen Größen durchgeführt werden können (z.B. Abfrage eines Zählers auf einen bestimmten Wert).

Zustandsanweisung

Als Zustandsanweisung wird eine Folge von ein oder mehrerer
'einfacher Anweisungen' bezeichnet, die beim Erreichen eines
neuen Zustands ausgeführt werden und diesem Zielzustand
zugeordnet sind. Einfache Anweisungen sind:

- Wertzuweisungen,
- Anweisungen für logische Operationen,
- Anweisungen für arithmetische Operationen,
- Prozeduranweisungen,
- leere Anweisung.

Mit den Ausgabefunktionen in ihrer seitherigen Form war nur
die Bildung von binären Ausgabesignalen durch logische Verknüpfungen der binären Zustandsvariablen möglich.

Mit den Zustandsanweisungen sollen unterschiedlichen Variablen binäre und digitale Werte zugewiesen werden können
(z.B. Setzen von Zählerwerten). Zusätzlich sind für Wertzuweisungen auch einfache arithmetische Operationen notwendig (z.B. Zählen von Ereignissen, Berechnung von Soll-
werten).

Zustandsvariable

Zu jedem Zustandsgraphen gehört eine Zustandsvariable, sie
beinhaltet die Nummer des momentan aktuellen Zustandes eines
Zustandsgraphen und beschreibt damit den aktuellen Zustand
einer Funktionseinheit einer Anlage.

Graphenvariable

Die Graphenvariable ist eine an einen Zustandsgraphen gebundene Variable. Ihre besondere Bedeutung liegt darin, daß
Teile eines gesamten Steuerprogramms (einzelne Graphen),
welche im augenblicklichen Bearbeitungszustand in der Steue-

rung nicht relevant sind, durch Setzen dieser Variable von
der Bearbeitung ausgeschlossen werden können.

Die Graphenvariable wird aus Gründen der Bearbeitungszeit-
optimierung des Steuerprogramms neu eingeführt.

Diagnosezeitzähler

Jedem Zustandsgraph wird ein sog. Diagnosezeitzähler zugeordnet. Dieser Zeitzähler dient zur Überwachung der Zeitdauer, innerhalb derer sich ein Graph in einem bestimmten
Zustand befinden darf. Er kann für jeden Zustand eines
Graphen auf eine definierte Zeitdauer gesetzt werden und
löst, falls kein Zustandswechsel innerhalb dieser Zeit
stattfindet, automatisch eine Fehlermeldung sowie den Start
eines Fehlerdiagnoseprogramms aus.

Durch die Integration fehlererkennender Maßnahmen in einen
Zustandsgraphen ist die Einführung eines an den Graphen
gebundenen Zeitzählers erforderlich.

Zeitzählervariable - Zählvariable

Diese Variable beinhalten Zeit- bzw. Zählerwerte und dienen
zur Realisierung von Zeit- und Zählfunktionen.

2.1.2 Begriffe im Zusammenhang mit der Verarbeitung von Daten

Nachfolgende Definitionen lehnen sich an die DIN 44300 /18/
an. Die dort definierten Begriffe beschreiben den in dieser
Arbeit dargestellten Sachverhalt nicht immer eindeutig und
werden daher an dieser Stelle auf ihre geänderte Verwendung
hin erläutert.

Daten - Datenblock - Datensatz - Datei

Daten sind Elemente, die aufgrund von Abmachungen und vorrangig zum Zwecke der Verarbeitung Informationen darstellen. Ein **Datenblock** wiederum ist eine Folge von Datenelementen, die aus funktionellen Gründen zu einer Einheit zusammengefaßt oder als Einheit behandelt werden.

In einem **Datensatz** werden diejenigen Daten zusammengefaßt, die in gegebenem oder unterstelltem Zusammenhang einen Sachverhalt oder Vorgang vollständig beschreiben. Anstelle von 'Datensatz' wird auch abkürzend 'Satz' verwendet. Der Datensatz ist ein Grundbaustein zur Bildung einer **Datei**, die eine sachbezogene Zusammenfassung eines oder mehrerer Datensätze darstellt.

Verarbeitung - Bearbeitung - Abarbeitung

Für die **Verarbeitung** von Daten sind in /18/ Verarbeitungsfunktionen erläutert (z.B. löschen, kopieren, sortieren u.a.). Die Daten sind hier Objekte, auf die diese Funktionen angewandt werden, d.h. die Daten werden **verarbeitet.** Stellen die Daten jedoch Informationen für einen Programmbaustein (hier Interpreter) dar, welcher die Daten analysiert und aufgrund deren Bedeutung Verarbeitungsfunktionen durchführt, so wird im folgenden von einer **Bearbeitung** der Daten durch den Programmbaustein gesprochen. Dabei können die Daten sowohl Informationen allgemeiner Art als auch Informationen zur Verarbeitung enthalten. Werden die Daten durch den Programmbaustein in einer vorbestimmten Reihenfolge bearbeitet, so wird die Wichtigkeit der 'Reihenfolge' durch den Begriff der **Abarbeitung** hervorgehoben (z.B. für aufeinanderfolgende Anweisungen).

Weitere Begriffe, welche sich aus den genannten Begriffen ableiten lassen (z.B. Bearbeitungszeit), sind in gleicher Weise zu verstehen.

2.2 Beschreibung von Steuerungsaufgaben mit Zustandsgraphen als Grundlage zur Erstellung von Steuerprogrammen

Damit die Beschreibung von Steuerungsaufgaben mit Zustandsgraphen eine geeignete Grundlage für die Programmierung,
Inbetriebnahme und Test von Steuerprogrammen bilden kann,
sind bestimmte Anforderungen an diese Beschreibungsform zu
stellen:

- Die aus bisherigen theoretischen Betrachtungen und Reali-
sierungen gewonnenen Erkenntnisse müssen dabei berücksichtigt werden. Vorrangig ist dabei die Verkettung der
Zustandsgraphen zur Bildung von übersichtlichen, strukturierten und hierarchisch aufgebauten Steuerprogrammen
/6,19/. Fehlererkennende Verfahren für die Fehlerdiagnose
/20,21/ sind ebenso zu berücksichtigen wie auch Erfah-
rungen aus der Praxis bei der Inbetriebnahme /22/ einer
Anlage.

- Die Abbildung von Funktionseinheiten und Abläufen einer
Anlage in diese Beschreibungsform muß schematisch nach
gewissen Grundregeln erfolgen können, um eine Einheitlichkeit der Darstellung zu erhalten. Dadurch wird die
Lesbarkeit, Wartbarkeit und Erweiterbarkeit eines Steuerprogramms verbessert.

- Die Darstellung mit Zustandgraphen muß anschaulich sein,
damit der Bezug zu den entsprechenden Funktionseinheiten
der Anlage leicht erkennbar ist. Dies ist besonders wichtig für Inbetriebnahme und Test.

- Das Steuerprogramm muß direkt und in einfacher Weise aus
der Beschreibungform mit Zustandsgraphen ableitbar sein.

In den folgenden Abschnitten wird die Beschreibungsform
'Zustandsgraph' im Hinblick auf die oben genannten Anforderungen hin analysiert. Hierzu wird zunächst festgestellt,

welche Faktoren einen Einfluß auf die Struktur eines Graphen
besitzen. Unter Struktur ist hier die grafische Form gemeint, also die Anzahl der Zustände und die Verbindung der
Zustände mit Übergangsbedingungen. Ferner wird ermittelt,
wie sich Maßnahmen zur Fehlererkennung und die Verkettung
der Zustandsgraphen auf den Aufbau der logischen Gleichungen
der Übergangsbedingungen auswirken.

2.2.1 Anforderungen an das Beschreibungsverfahren

Wichtig beim Entwurf ist die Ermittlung von geeigneten
Strukturen für die Basis- und Ablaufgraphen. Die Struktur
ermittelt sich zunächst aus der Untersuchung der Funktionseinheiten einer Anlage auf Zustände, welche diese Einheiten
annehmen können. Die Verbindungen der einzelnen Zustände
untereinander (Übergangsbedingungen) ergeben sich aus der
Analyse der tatsächlich an den Einheiten möglichen Zustandsübergänge. So ist z.B. für die in Bild 2.1 dargestellte
Funktionseinheit das Verlassen des Zustandes 'eingefahren'
nur über den Zustand 'ausfahren' sinnvoll, damit entfallen
die anderen theoretisch möglichen Zustandsübergänge, die aus
dem Zustand 'eingefahren' wegführen könnten.

Da die Strukturen der auf diese Weise ermittelten Graphen
sich für viele Funktionseinheiten einer Anlage oft wieder-
holen, wurde für das Programmiersystem RENEST /9/ ein Verfahren gewählt, bei dem Graphenstrukturen vorgegeben sind
und der Programmierer nur die Übergangsbedingungen parametrisieren muß.

Für dieses Verfahren wurde, ausgehend von der Einteilung der
Zustandsgraphen in lagebestimmte und energetisch bestimmte
Funktionseinheiten /19/, in /23/ ein Katalog von fest vorge-
gebenen Graphenstrukturen zur rechnerunterstützte Projektierung der Software von speicherprogrammierbaren Steuerungen
/24/ erstellt. Dieser Katalog kann auch weiterhin als Hilfsmittel zur Bestimmung einer Graphenstruktur für die elemen-

taren Baueinheiten einer Anlage dienen.

Vorteilhaft für die Programmierung von Steuerungsaufgaben ist hier die schnelle Eingabe der Struktur eines Graphen mittels einer einfachen Typkennzeichnung zu sehen. Nachteilig wirkt sich die Strukturvorgabe durch Festlegung der Graphentypen in der Flexibilität auf Erweiterungen und Ergänzungen im Hinblick auf Sonderfälle (Initialisierung, Wiederstart der Anlage nach einer Störung etc.) und die Integration von fehlererkennenden Maßnahmen (Zeitüberwachung, Geberüberwachung) aus.

Neue Anforderungen ergeben sich aufgrund noch vorhandener Mängel der bestehenden Verfahren und zusätzlichen Kriterien, die bisher nicht beachtet wurden:

- Einführung eines Initialisierungszustandes. Dieser Zustand ist notwendig, um die Steuerung nach dem Einschalten mit dem tatsächlichen Zustand der durch sie gesteuerten Anlage zu synchronisieren. Dieser Zustand wurde in den bereits bekannten Verfahren nicht berücksichtigt. Durch Einführung dieses Zustandes sind innerhalb eines Graphen zusätzliche Zustandsübergänge erforderlich.

- Einführung eines Fehlerzustandes. Verfahren zur Fehlererkennung mittels einer Zeitüberwachung wurden in /2/ und /6/ untersucht, ebenso die Fehlererkennung durch unzulässige Geberkombinationen /2/. Für diese Verfahren wurden Realisierungsmöglichkeiten getrennt aufgezeigt, die sich nicht ohne weiteres gemeinsam in die Beschreibungsform 'Zustandsgraph' integrieren lassen. Allen bisherigen Verfahren zur Fehlererkennung ist eine wesentliche Eigenschaft gemeinsam: Der Graph der fehlerbehafteten Funktionseinheit bleibt nach Erkennen des Fehlers in der Mehrzahl der Fälle in dem Zustand, welcher bei Fehlereintritt bestand, er kann aber auch je nach Fehlerart un-

kontrolliert in einen falschen Zustand gelangen. Dies ist
ein wesentlicher Mangel und insofern unzulässig, da sich
nach dem Eintreten des Fehlers die Funktionseinheit nun
in einem irregulären Zustand befindet. Deshalb sind für
die Funktionseinheit gezielte Maßnahmen zu treffen (z.B.
Ausgaben in den energielosen Zustand versetzen), damit
keine gefährlichen Zustände an der Anlage entstehen.
Diese Maßnahmen sind aber nur in Verbindung mit einem
zusätzlich eingeführten Fehlerzustand durchführbar. Dafür
ist zu untersuchen, wie sich die Einbindung einer Fehlererkennung auf bestehende Übergangsbedingungen auswirkt
und wie die logischen Gleichungen der in den Fehlerzustand führenden Bedingungen zu gestalten sind.

- Für die Verkettung von Zustandsgraphen sind ausschließlich die Zustandsvariablen zu verwenden. Dadurch können
  Schnittstellen der Graphen untereinander vereinfacht
  werden, dies wird besonders wichtig bei Zustandsgraphen,
  welche zeitkritische Signale beinhalten. Verfahren, die
  zur Verkettung außer der Zustandsvariablen noch zusätzliche Merker /6/ zur Synchronisation verwenden, stehen
  der Transparenz und Übersichtlichkeit entgegen.

- Einbindung von Zeit- und Zählfunktionen in die Beschreibung mit Zustandsgraphen. In speicherprogrammierbaren
  Steuerungen sind Zeit- und Zählfunktionen Stand der Technik. Sie werden z.B. zur Realisierung von Wartezeiten und
  Zählen von Ereignissen benötigt. Da früher diese Funktionen in den Steuerungen üblicherweise mit elektronischen Baugruppen realisiert wurden, fehlt bisher in der
  Literatur dieser Zusammenhang mit den Zustandsgraphen.

Die an dieser Stelle aufgeführten Anforderungen werden nachfolgend analysiert, Lösungen erarbeitet und diese anhand
einiger Beispiele aufgezeigt.

2.2.2 **Einführung eines Initialisierungszustandes**

Der Urzustand einer Funktionseinheit entspricht dem Zustand, den diese nach dem Einschalten der Steuerung eingenommen hat. Bei der Darstellung einer Funktionseinheit durch einen Zustandsgraphen ohne Initialisierungszustand (**Bild 2.3** links) nimmt der Graph einen prädestinierter Zustand (im allgemeinen mit 0 codiert) ein, welcher dem tatsächlichen Zustand der elementaren Baugruppe an der Maschine im Regelfall entspricht. Dieser Zustand ist in den meisten Fällen einer der beiden Ruhezustände.

Es ist aber nicht immer gewährleistet, daß dieser prädestinierte Zustand dem Zustand der Baugruppe an der Maschine entspricht, insbesondere beim Wiedereinschalten nach Auftreten von Störungen. Nach dem Einschalten der Anlage **muß** aber die Steuerung den tatsächlichen Zustand der jeweiligen Baugruppe annehmen und den zugehörigen Zustandsgraphen dahingehend synchronisieren.

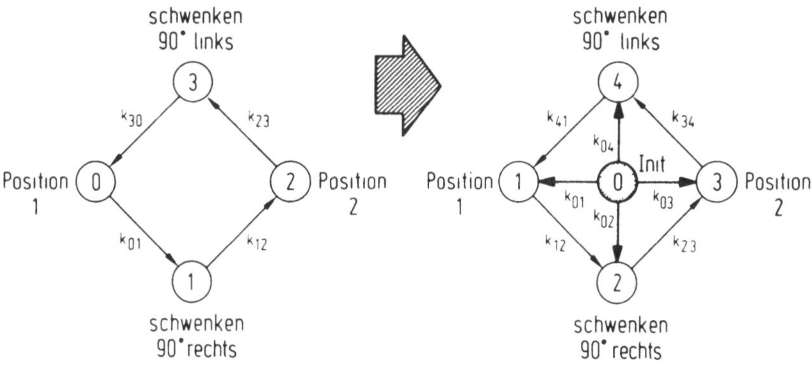

<u>Bild 2.3:</u> Einführung eines Initialisierungszustandes

Die Verwendung von Basisgraphen mit vier Zuständen ist historisch bedingt. Man ging davon aus, daß sich eine Maschine beim Einschalten in einem definierten Ausgangszustand befindet. Ferner konnten Graphen mit vier Zuständen, welche am häufigsten an einer Anlage eingesetzt wurden, mit zwei binären Zustandsvariablen codiert werden. Bei der Einführung eines fünften Zustandes werden jedoch drei binäre Zustandsvariable benötigt. Dies erforderte weitaus umfangreichere Erregergleichungen zur Berechnung der Zustandsänderungen. Da aber die damaligen Steuerungen eine begrenzte Anzahl von Merkern und einen vom Umfang eingeschränkten Programmspeicher besaßen, wurde deshalb auf die Verwendung eines Initialisierungszustandes gerne verzichtet.

Daß die Einführung eines Initialisierungszustandes sich nicht nur als sinnvoll sondern auch als notwendig erweist, läßt sich anhand eines Beispiels zeigen. Angenommen, es tritt während eines Werkzeugwechselvorgangs ein Notaus an einer Werkzeugmaschine auf und der Wechselarm bleibt während des Schwenkvorganges stehen, so muß nach dem Wiedereinschalten gewährleistet sein, daß der Wechsler die Bewegung nicht fortsetzt und sich die Wechseleinrichtung aus diesem irregulären Einschaltzustand in eine definierte Ausgangsstellung bringen läßt.

Die Wahl von geeigneten, aus diesem Initialisierungszustand wegführenden Bedingungen (__Bild 2.3__ rechts), den sog. Initialisierungsbedingungen, bringen den Graphen im regulären Fall aufgrund der Stellung der Geber in einen der beiden beim Einschalten möglichen Grundstellungen (Zustand 1 und 3). Durch die Festlegung der Bedingungen mit

$$k_{01} = (\text{Geber Position 1}) \wedge \overline{(\text{Geber Position 2})} \qquad (2.1)$$

$$k_{03} = \overline{(\text{Geber Position 1})} \wedge (\text{Geber Position 2}) \qquad (2.2)$$

synchronisiert sich der Graph automatisch mit der tatsächlichen Grundstellung. Der Initialisierungszustand kann nicht verlassen werden, falls einer der beiden Geber defekt ist. Damit kann beim Einschalten einer Maschine durch Abfrage der Zustandsvariablen aller Basisgraphen auf einen Wert größer Null eine Aussage getroffen werden, ob sich die gesamte Maschine in einem definierten Ausgangszustand befindet.

Falls dennoch ein irregulärer Einschaltzustand wie im genannten Beispiel vorliegt, kann die Funktionseinheit in der Betriebsart 'HAND' in eine der beiden Grundstellungen gebracht werden. Hierfür lauten die Bedingungen:

$$k_{02} = HAND \wedge Befehl\ '90°\ rechts' \wedge \overline{(Geber\ Pos.1)} \wedge \overline{(Geber\ Pos.2)}$$
$$(2.3)$$

$$k_{04} = HAND \wedge Befehl\ '90°\ links' \wedge \overline{(Geber\ Pos.1)} \wedge \overline{(Geber\ Pos.2)}$$
$$(2.4)$$

2.2.3 Einführung eines Fehlerzustandes

Von Wichtigkeit beim Auftreten eines steuerungsexternen Fehlers ist die Einführung eines Fehlerzustandes, um zu gewährleisten, daß die Funktionseinheit, bei welcher der Fehler auftritt, in der Mehrzahl der Fehlerfälle einen gefahrlosen Zustand einnehmen kann. Dazu werden bei Eintritt in den Fehlerzustand sämtliche Ausgaben der Funktionseinheit in den energielosen Zustand versetzt und damit der Bewegungsvorgang abgebrochen.

Um bei Fehlereintritt diesen zu erkennen und einen Übergang in den Fehlerzustand zu ermöglichen, ist die genaue Kenntnis aller möglichen Fehlerarten in dieser Funktionseinheit notwendig. Detaillierte Untersuchungen der möglichen Fehlerarten, ihre Klassifizierung und ihre Aufteilung in mittels Zeitüberwachung bzw. unzulässiger Wertekombinationen von Gebern erkennbaren Fehler wurden in /2/ durchgeführt.

Für den Einsatz einer Zeitüberwachung zur Erkennung von steuerungsexternen Fehlern werden nach /2/ vier verschiedene Zeiten herangezogen (Bild 2.4):

T_1: Zeitgrenze für das Verlassen der Startposition,
T_2: untere Zeitgrenze für die Ausführung einer Aktion,
T_3: obere Zeitgrenze für die Ausführung einer Aktion,
T_4: Zeitgrenze für Abbruch der Zeitüberwachung.

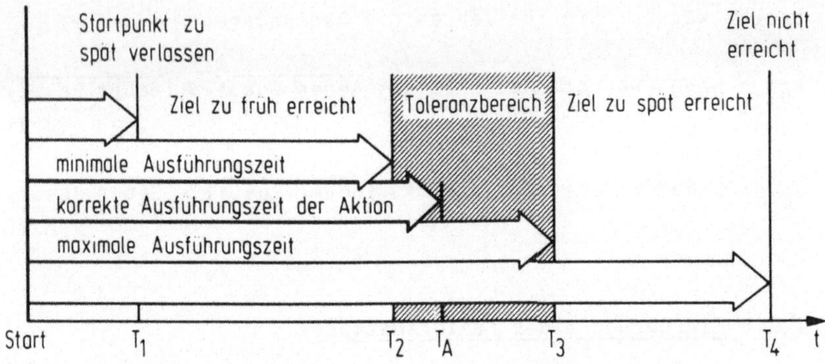

Bild 2.4: Zeitdefinitionen für Zeitüberwachung nach /2/

Wie aus Bild 2.5 erkennbar ist, führt eine Übergangsbedingung aus jedem Zustand des Graphen in den Fehlerzustand Z_F des Graphen. Dabei ist in Bild 2.5a ein Basisgraph für eine Elementarbaugruppe dargestellt, welcher eine vereinfachte Zeitüberwachung mit nur einer Zeitgrenze T_4 enthält und die in /2/ als ausreichend zur Fehlererkennung bezeichnet wird.

Um alle vier in Bild 2.4 aufgezeigten Zeiten $T_1 \ldots T_4$ zur Fehlererkennung in einem Basisgraphen berücksichtigen zu können, ist die Einführung eines zusätzlichen Zustandes für jeweils eine Bewegungsrichtung notwendig, um zu erkennen, ob das Bewegungselement den Geber am Startpunkt verlassen hat.

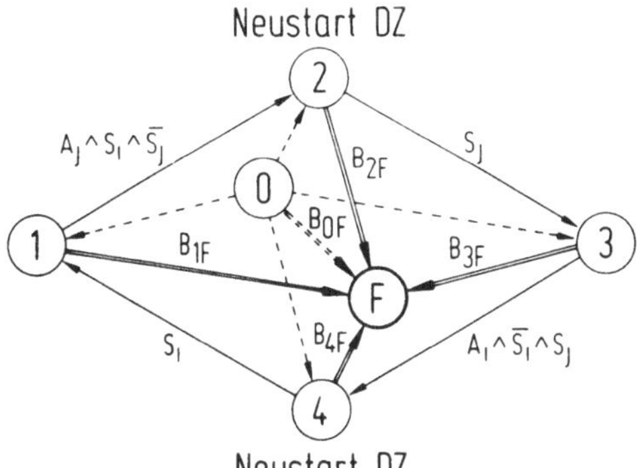

a) vereinfachte Zeituberwachung

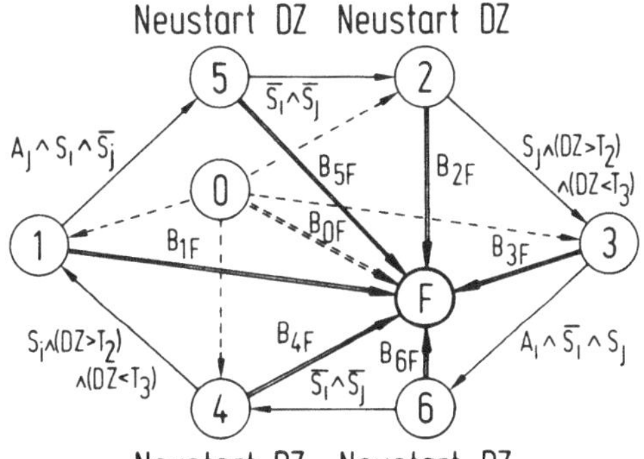

b) erweiterte Zeituberwachung

Übergangsbedingungen
— für regulären Betrieb
- - - für Initialisierung
═══ für Fehlererkennung

DZ — Diagnosezeitzahler
A_i, A_j — 'START' - Signale
S_i — Geber i
S_j — Geber j
B_{xF} — Fehlerbedingung

Bild 2.5: Zustandsgraph mit integrierter Fehlererkennung aufgrund Zeitüberwachung

2.2.4 <u>Auswirkungen von Fehlererkennung und Verkettung auf die Übergangsbedingungen</u>

Aufgrund der Einführung eines Initialisierungs- sowie eines Fehlerzustandes lassen sich die Übergangsbedingungen eines Graphen in drei Gruppen einteilen:

- zur Initialisierung   ('Initialisierungsbedingungen'),
- zur Fehlererkennung   ('Fehlerbedingungen'),
- im regulären Fall   ('reguläre Bedingungen').

Initialisierungsbedingungen werden in der Steuerung nur beim Einschaltvorgang geprüft und haben auf den weiteren Ablauf keine Auswirkung. In Abschnitt 2.2.2 wurde ihr prinzipieller Aufbau bereits beschrieben.

Fehlerbedingungen enthalten Zeitvergleiche für die Zeitüberwachung, welche in Verbindung mit unzulässigen Geberstellungen einen Übergang in den Fehlerzustand auslösen.

Die **regulären Bedingungen** bewirken den normalen Ablauf innerhalb eines Graphen. Sie bestehen in der Regel aus Verknüpfungen, die Startsignale und zur Funktionseinheit gehörende Gebersignale enthalten.

Die logischen Gleichungen der Initialisierungs- und Fehlerbedingungen können unabhängig voneinander aufgestellt werden. Anders verhält es sich bei den regulären Bedingungen. Dort sind sowohl bei der Einbindung einer Fehlererkennung als auch für die Verkettung von Graphen Maßnahmen notwendig, um eine Fehlerfortpflanzung /2/ zu vermeiden. Außerdem ermöglichen systematisch aufgebaute Gleichungen eine Erleichterung des Programmtests in der Inbetriebnahme- und Testphase.

2.2.4.1 **Berücksichtigung der Fehlererkennung**

In die logischen Gleichungen der regulären Übergangsbedingungen lassen sich Verriegelungen so einfügen, daß im Fehlerfall das Weiterschalten des Zustandsgraphen unterbrochen wird. Nach /2/ besteht die wirkungsvollste Lösung in der Verriegelung der Startbedingungen A_i bzw. A_j (Bild 2.5a) mit der komplementären Abfrage der Geber S_i und S_j (Paarüberwachung).

Die aus sämtlichen Zuständen eines Graphen in den Fehlerzustand F führenden Fehlerbedingungen B_{xF} können unterteilt werden in:

- aus den 'Ruhezuständen' (Zustand 1 und 3) wegführende Bedingungen. Sie führen in den Fehlerzustand, wenn einer der beiden Geber S_i oder S_j seinen logischen Signalzustand ändert;

- aus den 'Bewegungszuständen' (Zustand 2 und 4) wegführende Bedingungen. Sie erlauben die Fehlererkennung durch den Ablauf der Fehlerüberwachungszeit T_4 für den Fall, daß der zum Bewegungsvorgang gehörende Zielgeber S_i oder S_j nicht anspricht;

- aus dem 'Initialisierungszustand' (Zustand 0) wegführende Bedingung. Diese wird zur Plausibilitätsprüfung der Geber S_i und S_j auf gleichen Signalzustand herangezogen. Ein Fehler liegt aber nur dann vor, wenn beide Geber den logischen Signalzustand 'L' besitzen. Der Fall, daß beide Geber nicht ansprechen, ist insoweit zulässig, damit das Bewegungselement mittels den Bedingungen nach Gleichung (2.3) oder (2.4) in einen definierten Ausgangszustand gebracht werden kann.

Eine erweiterte Zeitüberwachung, die alle in Bild 2.4 dargestellten Zeiten berücksichtigt, erfordert die Einführung von zwei zusätzlichen Zuständen für die Erkennung weiterer Fehlermöglichkeiten. Hierzu sind die von den zusätzlich eingeführten Zuständen 6 und 7 wegführenden Bedingungen zu betrachten (<u>Bild 2.5b</u>). Der Übergang in den Fehlerzustand F erfolgt dann für den Fehlerfall, wenn die Zeit T_1 abgelaufen ist und der Geber am Startpunkt des Bewegungsvorgangs seinen Signalzustand nicht geändert hat oder falls der Geber am Zielpunkt zu früh anspricht. Im regulären Fall wird der Zustandsübergang durch Verlassen des Startpunktes (beide Geber S_i, S_j auf logisch '0') in die Zustände 2 oder 4 ermöglicht.

Das Erreichen des Zielpunktes innerhalb des zeitlichen Toleranzbereichs $T_2 < T_A < T_3$ erfordert einen zusätzlichen konjunktiven Term in den aus den Zuständen 2 und 4 wegführenden Fehlerbedingungen.

2.2.4.2 <u>Verkettung von Graphen</u>

Die Baugruppen einer Fertigungseinrichtung und ihr zeitliches Zusammenwirken in Form von Abläufen werden mit Zustandsgraphen funktionell beschrieben. Da gleichzeitige Abläufe an einer Fertigungseinrichtung oft auftreten, müssen diese an bestimmten Stellen aufgrund von Abhängigkeiten miteinander koordiniert werden.

Rechentechnisch gesehen kann die Bearbeitung jedes Zustandsgraphen in der Steuerung als einzelner Prozeß /18/ aufgefaßt werden. Die Koordination dieser gleichzeitig ablaufenden Prozesse muß analog zu den Abläufen an der Fertigungseinrichtung erfolgen. Es ist die Frage zu stellen, auf welche Weise die Synchronisation solcher 'paralleler Prozesse' durchzuführen ist.

Um gegenseitige Abhängigkeiten von Prozessen besser darstellen zu können, wurden in /6/ die erweiterten Zustandsgraphen eingeführt, welche zusätzliche Synchronisationselemente aus der Darstellungsart der Petri-Netze /25,26/ enthalten. Mit dieser Symbolik sollen folgende Abhängigkeiten dargestellt werden können:

- Gleichzeitigkeit von Zustandsübergängen,
- einseitige Abhängigkeit,
- negierte Abhängigkeit,
- mehrfache Abhängigkeit,
- mittelbare Abhängigkeit.

Diese Darstellungsart ist zwar sehr anschaulich und läßt die 'zeitliche Verkettung' von Graphen erkennen, bringt aber keine wesentlichen Vorteile für die Programmierung, da die Synchronisierungsbedingungen nach wie vor in die logischen Gleichungen der entsprechenden Übergangsbedingungen eingebunden werden müssen. <u>Bild 2.6</u> zeigt als Beispiel die Auswirkung der mehrfachen Abhängigkeit auf die Gleichung der Übergangsbedingung k_{ij} des Graphen Y.

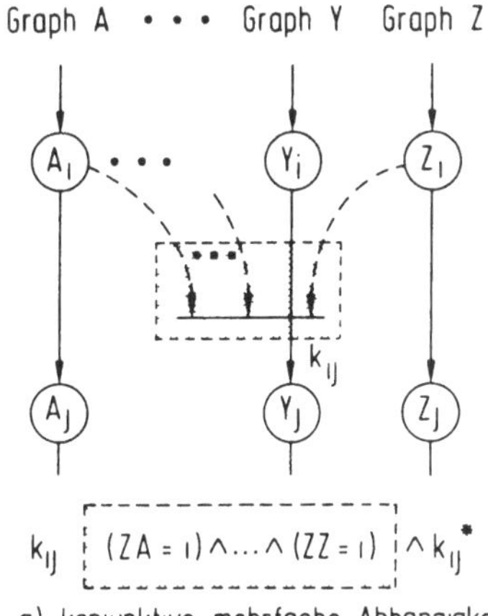

$$k_{ij} \quad \overline{(ZA=1) \wedge ... \wedge (ZZ=1)} \wedge k_{ij}^{*}$$

a) konjunktive mehrfache Abhangigkeit

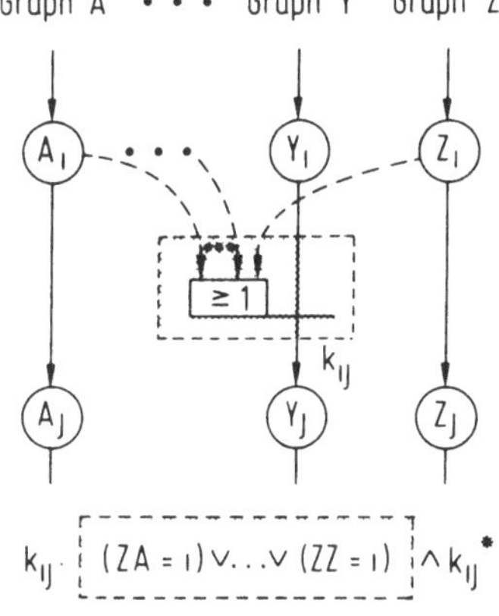

$$k_{ij} \cdot \overline{(ZA=1) \vee ... \vee (ZZ=1)} \wedge k_{ij}^{*}$$

b) disjunktive mehrfache Abhangigkeit

k_{ij} Ubergangsbedingung von Zustand Y_i in Y_j mit Verkettung
k_{ij}^{*} Ubergangsbedingung von Zustand Y_i in Y_j ohne Verkettung

<u>Bild 2.6:</u> Auswirkung der mehrfachen Abhängigkeit auf die Übergangsbedingung k_{ij}

Bei komplexer Verkettungslogik, z.B. bei kombinierter konjunktiver und disjunktiver mehrfacher Abhängigkeit, versagt jedoch die Darstellungsart, da sie zu recht unübersichtlichen Bildern führt, die beim rechnerunterstützten Entwurf auf dem Bildschirm nur mit aufwendigen Maßnahmen darstellbar sind und deshalb zu keiner Vereinfachung bei der Programmierung führen.

Das grundlegende Element zur Synchronisation ist die Zustandsvariable, sie beschreibt den momentanen Zustand eines Graphen. Die Verkettung der einzelnen Graphen untereinander sollte ausschließlich über die Zustandsvariablen erfolgen, um unübersichtliche Kopplungen der parallel ablaufenden Prozesse untereinander zu vermeiden.

Dies ist auch die wichtigste Voraussetzung zur Verbesserung der Diagnosemöglichkeit steuerungsexterner Fehler nach /2/, da sich über weitere Koppelelemente die Gefahr der Fehlerfortpflanzung in den verketteten Graphen ergibt. Die Zwischenschaltung von zusätzlichen Merkern oder Variablen erzeugt eine mittelbare Abhängigkeit der damit synchronisierten Graphen und ist aus Gründen der Übersichtlichkeit und Einheitlichkeit auszuschließen.

Eine hierarchisch gegliederte Verkettungsstruktur der Zustandsgraphen über die Zustandsvariablen und die Einhaltung von einigen Grundregeln beim Entwurf ermöglichen eine systematische Programmerstellung und einen einfachen Programmtest. Folgende Entwurfskriterien sollten beachtet werden (<u>Bild 2.7</u>):

- Keine direkte Kopplung von Basisgraphen, welche die elementaren Baugruppen beschreiben. Dies hat den Vorteil der unabhängigen Testbarkeit der Funktionseinheiten. Die Verkettung der Basisgraphen darf nur über eine übergeordnete Ebene erfolgen (Ablaufgraphen).

- Sind Kopplungen von verschiedenen Ablaufgraphen auf ein
  und dieselben Basisgraphen vorhanden, so müssen sich diese
  Ablaufgraphen gegenseitig ausschließen, um Kollisionen zu
  vermeiden. Die Koordination hierfür erfolgt in den Graphen
  der Systemgruppen.

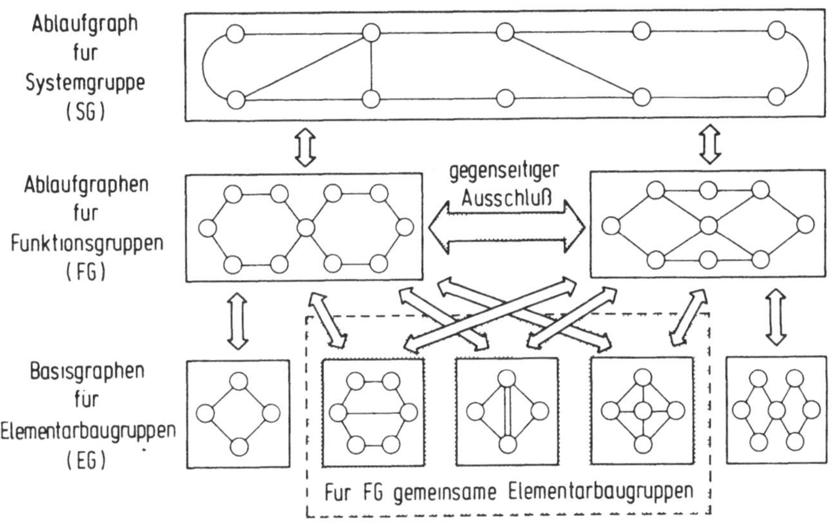

Bild 2.7: Verkettung von Graphen eines Teilsystems

So werden in einer beispielhaften Gliederung der Systemgruppe 'Werkzeugaustauscheinrichtung mit zwei Kettenmaga-
zinen' (Bild 2.8) den Basisgraphen die Elementarbaugruppen

- Dreheinrichtung (schwenken Werkzeuggreifer rechts/links),
- Werkzeuggreifer (ausfahren/einfahren),
- Hubeinrichtung (heben/senken),
- Transportkette I/II (auf/ab)

zugeordnet. Die Ablaufgraphen beschreiben das zeitliche
Zusammenspiel mehrerer Elementarbaugruppen innerhalb einer
Funktionsgruppe. Ablaufgraphen werden für die Funktionen

- Werkzeug austauschen,
- Werkzeug suchen in Magazin I/II,
- Freiplatz suchen in Magazin I/II

gebildet. Ein diesen Funktionsgruppen übergeordneter Ablauf-
graph beschreibt die Funktion

- Werkzeugsuchlauf in beiden Magazinen mit Werkzeugaus-
  tausch.

Auf dieses Beispiel wird in Abschnitt 6.4 näher eingegangen.

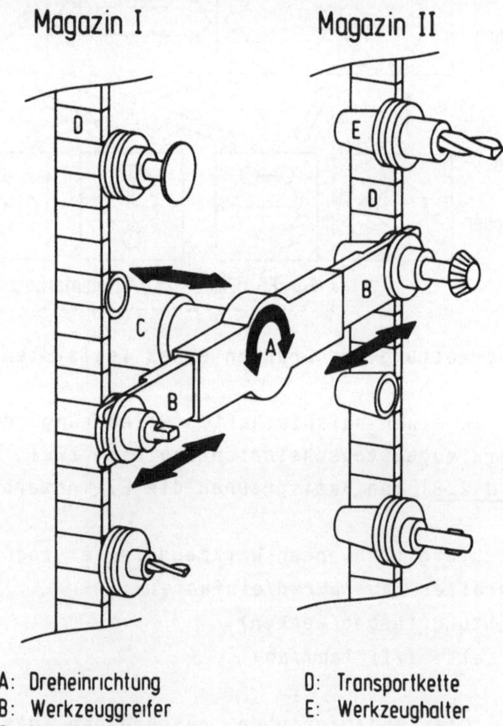

<u>Bild 2.8</u>: Werkzeugaustauscheinrichtung für zwei Ketten-
magazine

2.2.5 **Zeitfunktionen**

Um Warte- oder Verzögerungszeiten in Abläufen ohne Zuhilfenahme von zusätzlichen elektronischen Baugruppen in der
Steuerung ausführen zu können, ist die Verwendung von Zeit-
zählervariablen (ZZVi) sinnvoll. Damit können Zeitfunktionen
durch Zustandsgraphen dargestellt werden. Es muß dabei
sichergestellt sein, daß die Steuerung über einen konstanten
Zykluszeittakt TZT der Zykluszeit T_z verfügt, mit dem perio-
disch die Bearbeitung der Graphen in der Steuerung mittels
eines Programms angestoßen wird. Dadurch sind die Verfahren
in <u>Bild 2.9a,b</u> anwendbar.

Mit der Verwendung eines Programms, welches automatisch mit
jedem Grundtakt T_g eines Basiszeitgliedes sämtliche Zeitzählervariable dekrementiert, welche von Null verschieden
sind, läßt sich das Verfahren in <u>Bild 2.9c</u> verwirklichen.

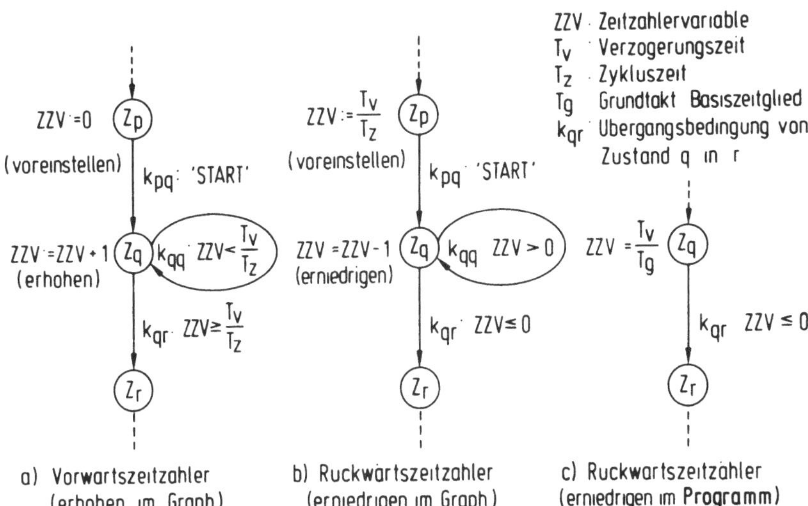

Bild 2.9: Zeitfunktionen mit Zustandsgraphen

Bei den Verfahren a) und b) wird bei jedem Anstoß zur Bearbeitung des Graphen im Zustand Z_q die Zeitzählervariable erhöht bzw. erniedrigt, falls die Bedingung k_{qq} erfüllt ist, andernfalls wird der Zustand Z_r eingenommen. Bei den Verfahren a) und b) gilt für die kürzeste realisierbare Verzögerungszeit die Zykluszeit T_z und bei c) die Grundtaktzeit T_g.

2.2.6 Zählfunktionen

Analog zu den Zeitfunktionen können durch Verwendung von Zählvariablen ZVi Zählfunktionen mit Zustandsgraphen realisiert werden. In __Bild 2.10__ sind Zähler für positive und negative Zählrichtung dargestellt. Sie besitzen je einen Eintrittszustand Z_r und einen Austrittszustand Z_s und können in jeden Graphen integriert werden. Das Hinzufügen bzw. Weglassen einzelner Übergangsbedingungen und Zustandsanweisungen bestimmt die Art der Zählfunktionen.

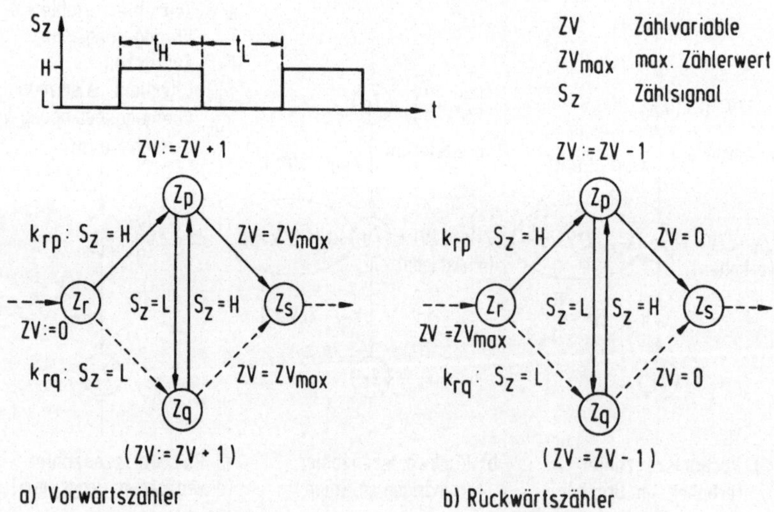

__Bild 2.10:__ Zählfunktionen mit Zustandsgraphen

Die Übergangsbedingung k_{rq} bewirkt den Zählerstart bei der positiven Flanke des Zählsignals S_Z, mit k_{rp} wird die negative Flanke gewählt. Die Zustandsanweisungen für die Zustände Z_p und Z_q entscheiden, ob der Zähler bei der positiven, negativen oder bei beiden Flanken des Zählsignals erhöht bzw. erniedrigt werden soll.

Auch für die Zählfunktionen ist die Zykluszeit T_Z von Bedeutung. Die Zeitspanne t_H und t_L des Zählsignals S_Z darf die Zykluszeit T_Z nicht unterschreiten, da dadurch Zähltakte verloren gehen.

2.3 Ergebnisse der Analyse

Die vorausgegangenen Untersuchungen zeigen, daß die zusätzlichen Anforderungen an die Beschreibungsform 'Zustandsgraph' erfüllt werden können. Die Einbindung von fehlererkennenden Maßnahmen in diese Beschreibungsform ist mit der Einführung eines Fehlerzustandes durchführbar. Die Gefahr, daß bei der Verkettung von Graphen im Fehlerfall eine Fehlerfortpflanzung stattfindet, wird durch die ausschließliche Verwendung der Zustandsvariablen zur Synchronisation vermindert.

Schwierigkeiten bei der Synchronisation zwischen Steuerung und Anlage bei Neu- bzw. Wiederstart werden durch die Einführung eines Initialisierungszustandes sowie geeigneter Initialisierungsbedingungen vermieden.

Zusammenfassend ist festzuhalten, daß die Beschreibung mit Zustandsgraphen zur Darstellung von Steuerungsaufgaben in dieser Form gut geeignet ist. Eine konsequent schematisch durchgeführte Beschreibung bildet die notwendige Grundlage für eine rechnerunterstützte Erstellung von Steuerprogrammen und ist Voraussetzung für eine gute Testbarkeit.

Die direkte Ableitung des Steuerprogramms aus dieser Beschreibungsform mit Zustandsgraphen sowie die Durchführung des Programmtests ebenfalls in dieser Beschreibungsform erfordern eine geeignete gemeinsame Basis für die Programmier- und Testeinrichtung (PuTE) und die speicherprogrammierbare Steuerung (SPS).

Diese Basis bildet im allgemeinen das Steuerprogramm, das in Form eines Quell- bzw. Zielprogramms vorliegt. Die Quelle des Steuerprogramms (Quellprogramm s. /18/) enthält die in einer Quellsprache abgefaßten Anweisungen. Auf die Beschreibung mit Zustandsgraphen angewandt, sind das die Graphenstrukturen, Übergangsbedingungen und Zustandsanweisungen. Das Quellprogramm wird mit einem Editor in die PuTE eingegeben und dort gespeichert. Mittels eines Übersetzers /18/ bzw. Compilers /18/ werden die im Quellprogramm abgefaßten Anweisungen ohne Veränderung der Arbeitsvorschriften in ein Zielprogramm /18/ (das eigentliche Steuerprogramm für die SPS) übersetzt bzw. kompiliert. Die Zielanweisungen, d.h. die Steuerungsanweisungen für die SPS sind jedoch steuerungsabhängig und auf den jeweiligen Anweisungsvorrat der SPS zugeschnitten.

Zur Erstellung des Zielprogramms für eine SPS gibt es folgende Alternativen:

a) Übersetzung des Quellprogramms (vorgegebene parametrisierbare Graphentypen) in eine Zwischensprache (z.B. Anweisungsliste) und in einem weiteren Schritt mittels Postprozessoren in den Maschinencode der Zielsteuerungen /10,24/.

b) Assemblierung bzw. Kompilierung des Quellprogramms (geschrieben in einer Assemblersprache oder höheren Programmiersprache) direkt in den Maschinencode der Zielsteuerung /7/.

c) Umwandlung des Quellprogramms (Graphenstrukturen in Form
   von Tabellen, Übergangsbedingungen und Zustandsanweisungen in Form mathematischer Ausdrücken) in Daten, welche
   in der Zielsteuerung das Steuerprogramm repräsentieren
   und dort von einem Programm interpretativ bearbeitet
   werden /30/.

Da das Beschreibungsverfahren mit Zustandgraphen allgemein
anwendbar und die Realisierung (Erstellung, Inbetriebnahme
und Test von Steuerprogrammen) geräteunabhängig erfolgen
soll, scheiden die Alternativen a) und b) aus. Interpre-
tierende Verfahren wie in c) sind nachteilig gegenüber nicht
interpretierenden aufgrund längerer Programmbearbeitungs-
zeiten. Das Verfahren c) besitzt aber den entscheidenden
Vorteil, daß die das Steuerprogramm repräsentierenden Daten
(Datensatz) von beliebigen SPS ausgewertet werden können.
Voraussetzung hierfür ist allerdings ein auf diesen Steuerungen implementiertes Interpreterprogramm.

Um das Verfahren nach c) anwenden zu können, besteht die
Notwendigkeit, einen grundlegenden Aufbau zur Gestaltung des
Datensatzes zu ermitteln. Ziel der Arbeit ist es, ausgehend
von der Beschreibung von Steuerungsaufgaben mit Zustandsgraphen, eine geeignete Form dieses Datensatzes zu erarbei-
ten unter Berücksichtigung eines Konzepts zur Erstellung des
Datensatzes in der PuTE und zur interpretativen Bearbeitung
in der SPS.

3 Darstellung von Zustandsgraphen in einer prozessorunabhängigen Datenstruktur

Für die Methodik zur Auswertung der einen Zustandsgraphen repräsentierenden Daten ist es unwichtig, welche Steuerungsaufgaben durch einen Zustandsgraphen beschrieben sind. Bei der Betrachtung eines einzelnen Graphen erkennt man, daß sich dieser in einzelne Elemente, den Zuständen und den Übergangsbedingungen, zerlegen läßt. Die getrennte Behandlung der einen Zustandswechsel auslösenden Bedingungen und der an die Zustände gebundenen Aktionen ist vorteilhaft für den Entwurf geeigneter Algorithmen. Allerdings ist hierfür ein Strukturabbild des Graphen notwendig, damit sich die einzelnen Elemente wieder zu einem Ganzen zusammenfügen lassen.

3.1 Ermittlung der Strukturdaten

3.1.1 Darstellung eines Zustandsgraphen als Matrix

Für die Ermittlung des Strukturabbilds eines Zustandsgraphen geht man von dem allgemeinsten Fall aus, d.h. es führen Übergänge von jedem Zustand in jeden anderen (Bild 3.1). Die Knoten des Graphen (die Zustände) sowie deren Numerierung sind für die Beschreibung der Struktur von untergeordneter Bedeutung. Mit der Definition der Kanten, die hier die Übergangsbedingungen symbolisieren, ist die Struktur eindeutig festgelegt.

Der Zustandsübergang k_{ij} ist eine gerichtete Kante von dem Zustand $Z=i$ in den Zustand $Z=j$, diese Festlegung beinhaltet die Existenz der beiden Knoten (Zustände) $Z=i$ und $Z=j$. Da zu jedem Zeitpunkt immer nur ein Zustand eines Graphen Gültigkeit besitzt, bestimmt k_{ij} auch die Folge des zeitlichen Ablaufs, d.h. bei erfüllter Bedingung wechselt der aktuelle Zustand $Z_t=i$ in den Folgezustand $Z_{t+1}=j$.

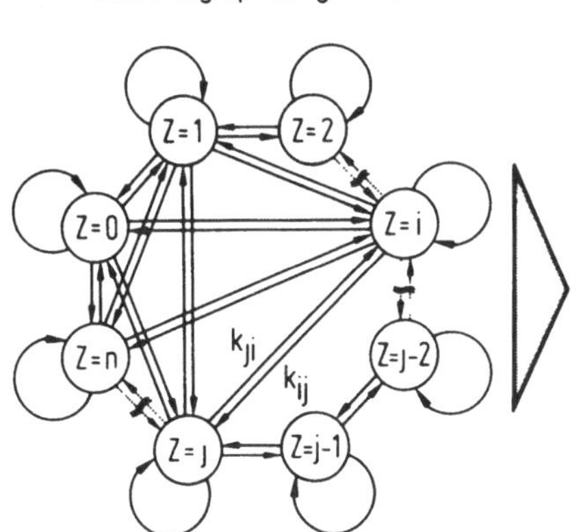

Bild 3.1: Abbildung eines allgemeinen Zustandsgraphen in eine Zustandsübergangsmatrix

Da bei einem Graphen mit n Zuständen aus jedem aktuellen Zustand Zustandsübergänge in n Folgezustände möglich sind, ist es sinnvoll, diese Bedingungen in Form einer Zustandsübergangsmatrix (ZÜM) anzuordnen. Für die Ermittlung eines Folgezustandes werden nur die aus dem aktuellen Zustand Z_t wegführenden Bedingungen benötigt, sie sind alle Elemente eines Zeilenvektors der Matrix. Die Elemente eines Spaltenvektors lassen umgekehrt Rückschlüsse auf den vorausgegangenen Zustand zu, diese Eigenschaft kann vorteilhaft bei der Fehlerdiagnose verwendet werden.

Die Zustandsübergangsmatrix kann ferner zur Plausibilitätskontrolle herangezogen werden. Enthält ein Zeilenvektor i nur Nullelemente, so kann der Graph den Zustand Z=i nicht mehr verlassen. Dieser Fall darf jedoch nur bei der Einführung von Fehlerzuständen auftreten (vgl. Kap. 2.2.3).

Analog hierzu zählt als Sonderfall der Initialisierungszustand Z=0, aus welchem nur Zustandsübergänge wegführen. Der Spaltenvektor 0 enthält dann nur Nullelemente. Alle anderen Spaltenvektoren müssen mindestens ein Element enthalten, welches nicht das Nullelement ist. Ein 'isolierter Zustand' entsteht, wenn der Zeilenvektor i und der Spaltenvektor j gleich dem Nullvektor ist.

3.1.2 <u>Rechnerinterne Darstellung der Zustandsübergangsmatrix</u>

Für die rechnerinterne Darstellung der Struktur von Zustandsgraphen sind in /24/ zwei Möglichkeiten aufgezeigt. Dabei orientiert sich die eine Strukturvariante an den Zuständen eines Graphen, während die andere auf die Zustandsübergänge ausgerichtet ist. In beiden Fällen ist in /24/ das wesentliche Kriterium ein geringer Speicherplatzbedarf. Jedoch bei an Umfang zunehmenden Steuerprogramme treten immer mehr zeitliche Kriterien in den Vordergrund, da erhöhte Programmlaufzeiten bzw. Interpretationszeiten eine Verschlechterung der Reaktionszeit der Steuerung zur Folge haben.

Die Zustandsübergangsmatrix (ZÜM) ist im wesentlichen ein Hilfsmittel zum schnellen Auffinden der aus dem momentanen Zustand des Graphen wegführenden Übergangsbedingungen. Eine rechnerinterne Darstellung der Zustandsübergangsmatrix muß so beschaffen sein, daß Interpreteralgorithmen in möglichst kurzer Zeitdauer die Position von Übergangsbedingungen im Steuerprogramm ermitteln können. Daher sind für die rechnerinterne Darstellung zusätzliche Kriterien zu beachten:

- Reduzierung der Schritte eines interpretierenden Algorithmus für die Ermittlung der zu prüfenden Übergangsbedingungen;

- bessere Ausnutzung des Befehlsvorrates des in der Steuerung eingesetzten Prozessors, insbesondere der Befehle, die für Listenverarbeitung gut geeignet sind (Verwendung von effektiv einsetzbaren Adressierungsarten);

- bevorzugte Verwendung relativer Adressierungsarten, um ein freies Verschieben von Tabellen im Speicher der Steuerung zu ermöglichen.

Betrachtet man die in Fertigungseinrichtungen auftretenden Funktionseinheiten und bildet sich die zugehörigen zustandsorientierten Funktionsmodelle (d.h. Zustandsgraphen), so ist zu erkennen, daß die ermittelten Graphen im allgemeinen eine geringe Verknüpfungstiefe aufweisen. Die Verknüpfungstiefe V_k berechnet sich aus dem Verhältnis der Anzahl n_b der Zustandsübergänge eines Graphen und der Anzahl n_z der Zustände.

$$V_k = \frac{n_b}{n_z} \qquad (3.1)$$

Typische Werte für die Verknüpfungstiefe sind V_k=1...2,3 /24/. Das bedeutet, daß sich für die Zustandsübergangsmatrix eine dünn besetzte Matrix ergibt, für welche nach /27/ die index-sequentielle Organisation geeignet ist. Bei dieser Organisationsform werden zwei lineare Listen benötigt. Die erste enthält in aufsteigender Folge den Index (Zeiger auf Speicherstelle) für die sequentiell angeordneten Elemente der zugehörigen Matrixzeile in der zweiten Liste.

Andere Organisationsformen, wie z.B. gekettete Organisationen, scheiden aus, da sich für diese keine Algorithmen finden lassen, mit denen zeitgünstiger die aktuellen Übergangsbedingungen ermittelt werden können.

3.1.3 Ermittlung der aktuellen Übergangsbedingungen

Die rechnerinterne Darstellung der ZÜM mit zwei linearen Listen zeigt __Bild 3.2__. Da diese Listen die Struktur der Graphen widerspiegeln, werden diese in späteren Abschnitten

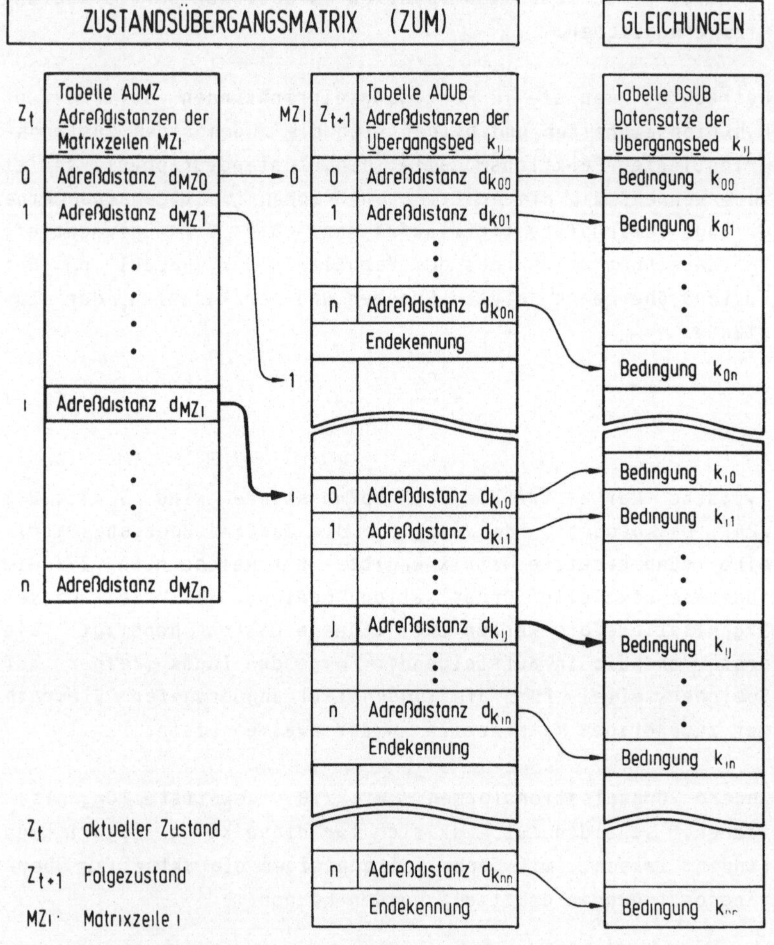

__Bild 3.2:__ Rechnerinterne Darstellung der Zustandsübergangsmatrix mit linearen Listen

auch als Strukturtabellen bezeichnet. Die Basisadresse (ab-
solute Speicheradresse des ersten Elements einer Tabelle)
jeder Tabelle wird dabei als bekannt vorausgesetzt, so daß
in den Tabellen zur Bildung von Adreßzeigern (Pointern)
lediglich Adreßdistanzen abgelegt werden. Unter Adreßdistanz
(Offset) wird hier die Differenz zwischen der Adresse eines
Elements in der Tabelle und der Basisadresse der Tabelle
verstanden. Die Elemente der Tabelle ADMZ (Adreßdistanzen
der Matrixzeilen) entsprechen dem Index i für die Elemente
der zugehörigen Matrixzeile i.

Die Elemente der Matrixzeilen sind in der Tabelle ADÜB
(Adreßdistanzen der Übergangsbedingungen) in sequentieller
Folge abgelegt. Um nicht die Matrixzeile vollständig ablegen
zu müssen, werden die Nullelemente entfernt (Zustandsübergänge existieren nicht). Dafür ist aber erforderlich, daß zu
jedem Zeilenelement der Spaltenindex j zusätzlich abgelegt
wird. Dies kann jedoch für einen Algorithmus zur schnelleren
Ermittlung des Folgezustandes vorteilhaft genutzt werden.

Da die Anzahl der Zeilenelemente durch Entfernung der Nullelemente nun nicht mehr konstant ist, wird deshalb zur Kennzeichnung des letzten in der Liste eingetragenen Elements
einer Matrixzeile eine Endekennung eingeführt.

Für die Ermittlung der Speicheradressen aller von einem
Zustand wegführenden Übergangsbedingungen sind nach <u>Bild 3.3</u>
drei Schritte notwendig:

- Aufgrund des aktuellen Zustandes Z_t (die Zustandsnummer
  ist in der Zustandsvariablen enthalten) wird durch Addition der Basisadresse der Tabelle ADMZ mit dem Inhalt der
  Zustandsvariablen der Zeiger auf die Adreßdistanz d_{MZi}
  ermittelt.

- Durch die Addition der Adreßdistanz d_{MZi} zu der Basisadresse der Tabelle ADÜB errechnet sich der Adreßzeiger

auf die Adreßdistanz d_{ki0} der ersten aus dem Zustand i wegführenden Bedingung k_{i0}. Da alle aus dem Zustand i wegführenden Übergangsbedingungen geprüft werden müssen, kann man deren Adreßdistanzen durch einfaches Erhöhen dieses Adreßzeigers erhalten.

- Der Adreßzeiger auf den eigentlichen Datensatz der zu prüfenden Übergangsbedingung k_{ij} ermittelt sich durch nochmalige Addition der Distanz d_{kij} zu der Basisadresse der Tabelle DSÜB.

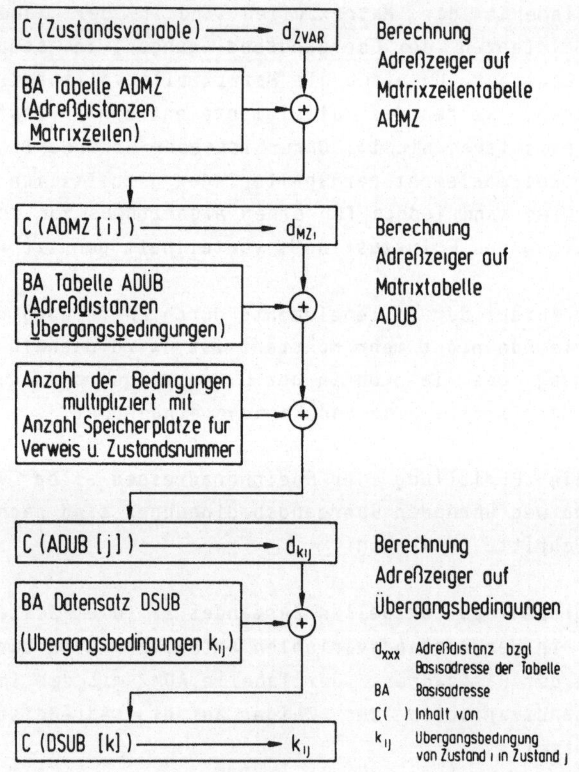

Bild 3.3: Ermittlung der Speicheradresse der Übergangsbedingung k_{ij} im Datensatz

3.2 Umwandlung der Übergangsbedingungen in einen Datensatz

3.2.1 Anforderungen zur Bildung eines Datensatzes

Bei der Umwandlung einer Übergangsbedingung in einen Datensatz, der von einem Algorithmus interpretativ bearbeitet
werden kann, müssen folgende Anforderungen berücksichtigt
werden:

- Die wichtigste Anforderung ist eine minimale Bearbeitungszeit des Datensatzes der Übergangsbedingung. Bei der Bearbeitung eines Steuerprogramms hat die zyklische Prüfung
  aller aus dem momentanen Zustand wegführenden Übergangsbedingungen einen entscheidenden Einfluß auf die Zykluszeit. Da bei Steuerungen für Fertigungseinrichtungen die
  Realzeitanforderungen erfüllt werden müssen (d.h. Zykluszeit < 20 ms), erhalten Faktoren, welche zu einer Reduzierung der Bearbeitungszeit führen, besonderes Gewicht.

- Der erzeugte Datensatz muß von einem einfachen Algorithmus
  bearbeitet werden können. Komplizierte Algorithmen führen
  i.a. zu einer Erhöhung der Bearbeitungszeit.

- Aus der gegebenen Übergangsbedingung ist ein Datensatz mit
  minimalem Speicherplatzbedarf zu erzeugen.

- Der Datensatz darf keinen Beschränkungen unterliegen,
  weder Einschränkungen in der maximale Anzahl der zu ver-
  knüpfenden Operanden noch in der Klammertiefe.

- Terme einer Übergangsbedingung dürfen nicht nur Boolesche
  Variablen sein, sondern sollen auf komplexere Ausdrücke
  erweitert werden können, welche als Ergebnis einen Booleschen Wert erzeugen. So werden Vergleiche erlaubt und
  Zerlegungen komplizierter Übergangsbedingungen in mehrere
  einfache Bedingungen ermöglicht (Unterprogrammtechnik).

3.2.1.1 <u>Einfluß des logischen Gehalts von Operanden auf die Bearbeitungszeit</u>

Übergangsbedingungen werden allgemein in Form Boolescher Ausdrücke formuliert. Diese Ausdrücke besitzen eine Klammerstruktur, durch welche der Vorrang von Operationen festgelegt wird. Die Klammerstruktur läßt sich am besten durch einen Baum veranschaulichen (<u>Bild 3.4</u>). Eine einfache lineare und klammerfreie Darstellung erhält man aus dem Binärbaum, indem man von den Endknoten her die Zweige eines Teilbaums jeweils hinter dessen Wurzel schreibt, bis die Wurzel des gesamten Baumes erreicht ist /28/.

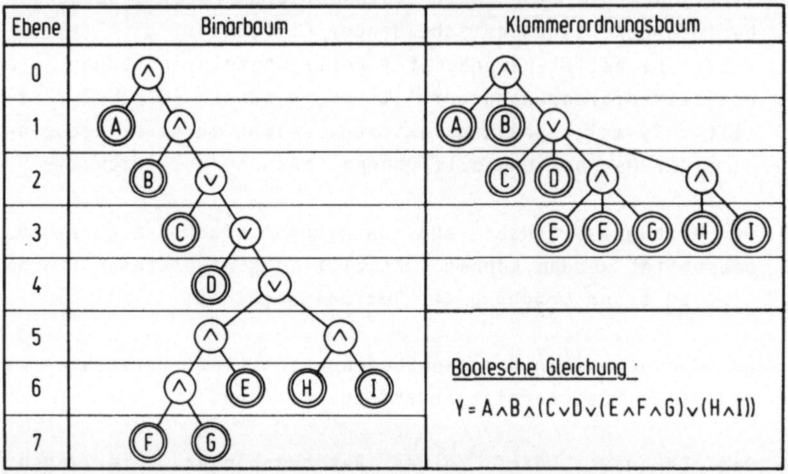

Ebene	Binärbaum	Klammerordnungsbaum
0	$\wedge$	$\wedge$
1	A $\quad$ $\wedge$	A $\quad$ B $\quad$ $\vee$
2	B $\quad$ $\vee$	C $\quad$ D $\quad$ $\wedge$ $\qquad$ $\wedge$
3	C $\quad$ $\vee$	E $\quad$ F $\quad$ G $\quad$ H $\quad$ I
4	D $\quad$ $\vee$	
5	$\wedge$ $\qquad$ $\wedge$	
6	$\wedge$ $\quad$ E $\quad$ H $\quad$ I	**Boolesche Gleichung:**
7	F $\quad$ G	$Y = A \wedge B \wedge (C \vee D \vee (E \wedge F \wedge G) \vee (H \wedge I))$

<u>Bild 3.4:</u> Baumstruktur einer Booleschen Gleichung

Aus dem Beispiel in <u>Bild 3.4</u> ergibt sich aus der Gleichung:

$$Y = A \wedge B \wedge (C \vee D \vee (E \wedge F \wedge G) \vee (H \wedge I)) \qquad (3.2)$$

folgender Ausdruck für die rechte Seite der Gleichung 3.2:

$$\wedge A \wedge B \vee C \vee D \vee \wedge \wedge \; F \; G \; E \wedge H \; I .$$

Diese Form wird oft als 'polnische Notation' bezeichnet. Für Algorithmen zur Umwandlung dieser Ausdrücke in Daten und zur Bearbeitung dieser Daten kann vorteilhafter die umgekehrte polnische Notation eingesetzt werden. Es entsteht dann die Form

$$F\ G\ \wedge\ E\ \wedge\ H\ I\ \wedge\ \vee\ D\ \vee\ C\ \vee\ B\ \wedge\ A\wedge.$$

Ein interpretierbarer Datensatz eines Booleschen Ausdrucks wäre in dieser Form sehr einfach zu erstellen, besitzt aber den gravierenden Nachteil, daß bei der Bearbeitung alle Operanden miteinander verknüpft werden müssen. Die daraus resultierende Bearbeitungszeit wäre eine konstante Zeit, die für die Verknüpfung aller Operanden notwendig ist.

Geht man beispielsweise von der Überlegung aus, der Operand A in Gleichung 3.2 besitzt den logischen Wert 'falsch'. Dann ist damit der gesamte Ausdruck Y vom logischen Gehalt aller anderen Operanden unabhängig, er weist als Ergebnis den Wert 'falsch' auf. Für diesen Fall könnte die Prüfung aller weiteren Operanden entfallen und für die Bearbeitungszeit die Zeit eingesetzt werden, welche nur für die Prüfung des Operanden A notwendig ist. Aus dieser Überlegung heraus können folgende Aussagen formuliert werden:

- Bei der sequentiellen Prüfung der Operanden in einem <u>kon-junktiv verknüpften</u> Term (Klammerausdruck) kann die Prüfung aller nachfolgenden Operanden entfallen, sobald ein Operand den logischen Wert 'falsch' aufweist. Der gesamte Term besitzt den Wert 'falsch'. Sind alle Operanden 'wahr', so ist der Term insgesamt 'wahr'.

- Bei der sequentiellen Prüfung der Operanden in einem <u>dis-junktiv verknüpften</u> Term (Klammerausdruck) kann die Prüfung aller nachfolgenden Operanden entfallen, sobald ein Operand den logischen Wert 'wahr' aufweist. Der gesamte Term besitzt den Wert 'wahr'. Sind alle Operanden 'falsch', so ist der Term insgesamt 'falsch'.

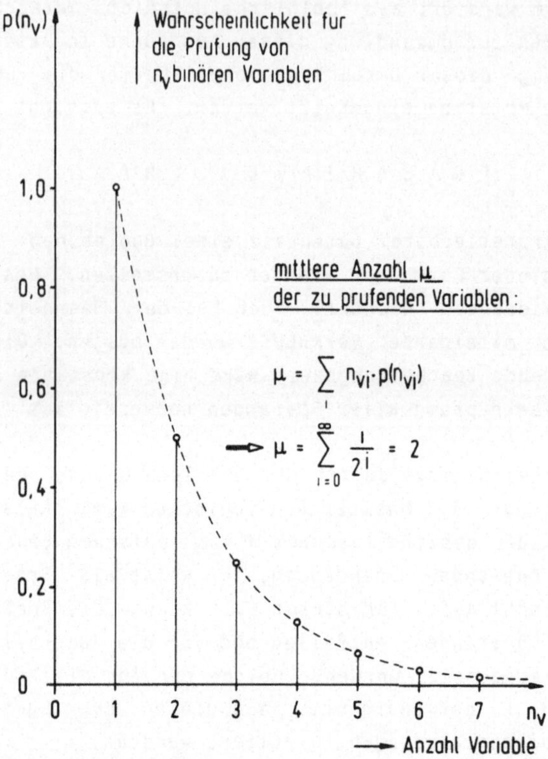

$$\mu = \sum_i n_{vi} \cdot p(n_{vi})$$

$$\Rightarrow \mu = \sum_{i=0}^{\infty} \frac{1}{2^i} = 2$$

Bild 3.5: Wahrscheinlichkeitsfunktion für die Konjunktion bzw. Disjunktion von n_V Variablen

Wendet man diese Aussagen auf eine Konjunktion (bzw. Disjunktion) von n_V binären Variablen an, so können diese insgesamt 2^{n_V} Wertekombinationen annehmen. In der Hälfte aller Fälle weist die erste Variable den Wert 'falsch' auf, so daß sich die Wahrscheinlichkeit p für die Prüfung der zweiten Variablen zu 0,5 ergibt. Die Wahrscheinlichkeit für die Prüfung der dritten Variablen erhält man wiederum aus der Hälfte der restlichen Kombinationen. **Bild 3.5** zeigt hierfür die Wahrscheinlichkeitsfunktion, das Ergebnis ist eine mittlere Anzahl $\mu = 2$ zu prüfender Variablen.

3.2.1.2 Auswirkung der Verknüpfungslogik auf Speicherplatzbedarf und Bearbeitungszeit

Ein Algorithmus, welcher Anweisungen zur Verknüpfung binärer Signale ausführt, kann eine interne Verknüpfungslogik besitzen. Diese bewirkt die Art und Weise der logischen Verknüpfung von Abfrageergebnissen binärer Signale bei aufeinanderfolgenden Abfrageanweisungen im Steuerprogramm. Hierzu wird der jeweilig abgefragte Signalwert mit dem zuvor ermittelten Zwischenergebnis logisch verknüpft.

Für eine interne Verknüpfungslogik können zwei Arten unterschieden werden: 'UND-Logik' und 'ODER-Logik' genannt. Um die Vorgehensweise sowohl bei der 'UND-Logik' als auch bei der 'ODER-Logik' zu erläutern und die komplementären Eigenschaften herauszustellen, ist in Bild 3.6 beispielhaft eine Möglichkeit aufgeführt. Dazu wird die Konjunktion Y_K bzw. die Disjunktion Y_D als Folge von Anweisungen dargestellt. Die Reihenfolge der Bearbeitung der Anweisungen ist dabei vom logischen Gehalt der zu prüfenden Operanden und der Verknüpfungslogik abhängig.

Die Konjunktion wird mit der 'UND-Logik' in der Weise abgearbeitet (Bild 3.6 links oben), indem der erste Operand mit dem Wert 'wahr' konjunktiv verknüpft wird (TEST X_1). Alle nachfolgenden Operanden werden mit dem Ergebnis der jeweils vorausgegangenen Operation konjunktiv verknüpft. Die Variable Y_K erhält den Wert 'L', wenn das ermittelte Ergebnis 'wahr' ist (SETZE Y_K).

Anders sieht jedoch die Abarbeitung der Disjunktion mit der 'UND-Logik' aus (Bild 3.6 rechts unten). Hier folgt der Prüfung eines jeden Operanden auf den Wert 'wahr' eine bedingte Sprunganweisung. So können bei Ergebnis 'wahr' die für das Gesamtergebnis nun nicht mehr relevanten Operanden übersprungen werden.

Konjunktion	Disjunktion
$Y_K = X_1 \wedge X_2 \wedge X_3 \wedge \quad \wedge X_n$	$Y_D = X_1 \vee X_2 \vee X_3 \vee \quad \vee X_n$
'UND - Logik' (Test auf 'L') TEST X_1 TEST X_2 ⋮ TEST X_n SETZE Y_K	'ODER - Logik' (Test auf '0') TEST X_1 TEST X_2 ⋮ TEST X_n LÖSCHE Y_D
Speicherbedarf für n + 1 Anweisungen Anzahl auszuführender Anweisungen n + 1 Anweisungen	
'ODER - Logik': (Test auf '0') TEST X_1 SPN M1 TEST X_2 SPN M1 ⋮ TEST X_n SPN M1 SETZE Y_K SP M2 M1: LÖSCHE Y_K M2:	'UND - Logik' (Test auf 'L') TEST X_1 SPJ M1 TEST X_2 SPJ M1 ⋮ TEST X_n SPJ M1 LÖSCHE Y_D SP M2 M1: SETZE Y_D M2:
Speicherbedarf für 2n + 3 Anweisungen Anzahl auszuführender Anweisungen { Min 3, Max. 2n + 2, Mittel: 5 } Anweisungen	

SP	Sprung	SPJ	Sprung falls 'L'	M1, M2	Sprungziele
		SPN	Sprung falls '0'	n	Anzahl binärer Variablen

<u>Bild 3.6:</u> Reduzierung der mittleren Bearbeitungszeit durch Verminderung der Anzahl auszuführender Anweisungen mittels Sprungbefehlen

Die Verwendung eines Algorithmus mit 'ODER-Logik' bewirkt eine analoge Vorgehensweise (<u>Bild 3.6</u> rechts oben und links unten). Bei der Betrachtung dieses Beispiels sind folgende Resultate abzuleiten:

- Verwendet man für einen Algorithmus eine bestimmte Verknüpfungslogik, d.h. entweder nur konjunktive Verknüpfungen bei direkt aufeinanderfolgenden Anweisungen in der 'UND-Logik' <u>oder</u> nur disjunktive Verknüpfungen in der

'ODER-Logik', so sind für Konjunktionen und Disjunktionen mit einer gleichen Anzahl von Operanden der Speicherplatzbedarf und die Bearbeitungszeit unterschiedlich.

- Bei Reduzierung der mittleren Bearbeitungszeit durch Einführung von bedingten Sprungbefehlen verdoppelt sich der Speicherplatzbedarf.

Fordert man gleichen Speicherplatzbedarf und gleiche mittlere Bearbeitungszeit sowohl für konjunktive als auch für disjunktive Ausdrücke, so muß der Algorithmus eine umschaltbare Verknüpfungslogik besitzen und bedingte Sprungbefehle ausführen können. Damit wird eine einheitliche Behandlungsweise von konjunktiver und disjunktiver Ausdrücke erreicht. Konjunktionen werden dann mittels 'ODER-Logik' und Disjunktionen mittels 'UND-Logik' abgearbeitet.

Ferner kann der notwendige Speicherplatz dadurch reduziert werden, indem die nach der Prüfung der Operanden immer wiederkehrenden bedingten Sprunganweisungen (z.B. SPJ M1) auf das gleiche Sprungziel nicht mehr explizit programmiert werden. Das Sprungziel wird dann nur einmal bei der Umschaltung der Verknüpfungslogik festgelegt und ein bedingter Sprung in Abhängigkeit vom Prüfergebnis und der momentanen Verknüpfungslogik implizit ausgeführt.

3.2.1.3 Einfluß der Bearbeitungsreihenfolge von Termen

Bei der Umwandlung Boolescher Ausdrücke in Anweisungsfolgen ist ferner die Reihenfolge der Terme für die mittlere Bearbeitungszeit von entscheidender Bedeutung. Das folgende Beispiel verdeutlicht diesen Sachverhalt. Die beiden Gleichungen

$$Y1 = A \land (B \lor C \land (D \lor E \land (F \lor ...))) \qquad (3.3)$$

$$Y2 = (((... \lor F) \land E \lor D) \land C \lor B) \land A \qquad (3.4)$$

lassen sich durch Umstellen der Terme ineinander überführen.

Bei sequentieller Bearbeitung von links nach rechts ergeben sich unter Anwendung des oben beschriebenen Verfahrens doch Unterschiede in der mittleren Bearbeitungszeit. In Bild 3.7 ist die Abhängigkeit der mittleren Anzahl μ zu prüfender Variablen der beiden Gleichungen von der Anzahl n_v der in den Gleichungen enthaltenen binären Variablen dargestellt. Es ist deutlich zu sehen, daß der Mittelwert für die Gleichung 3.3 gegen $\mu=2$ strebt und für die Gleichung 3.4 linear ansteigt.

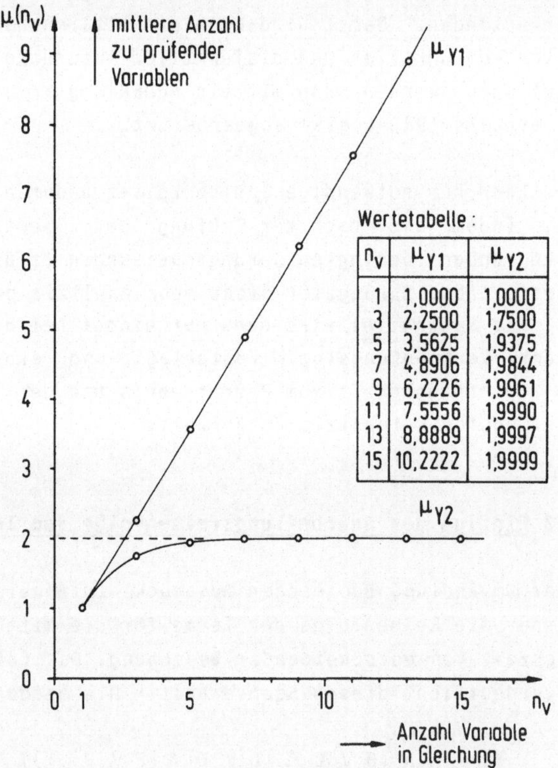

n_v	μ_{Y1}	μ_{Y2}
1	1,0000	1,0000
3	2,2500	1,7500
5	3,5625	1,9375
7	4,8906	1,9844
9	6,2226	1,9961
11	7,5556	1,9990
13	8,8889	1,9997
15	10,2222	1,9999

Bild 3.7: Reduzierung der mittleren Bearbeitungszeit durch Änderung der Reihenfolge von Gleichungstermen

Bildet man die beiden Gleichungen auf Klammerordnungsbäume (vgl. __Bild 3.4__) ab, so ergeben sich unsymmetrische Baumstrukturen. Es gibt jedoch Gleichungen, bei denen die Baumstrukturen symmetrisch bzw. teilweise symmetrisch sind. Bei symmetrischen Strukturen ist keine Verminderung der mittleren Bearbeitungzeit durch Umstellen möglich. Die Mittelwerte werden hier ebenfalls mit wachsender Anzahl der Variablen einer Gleichung linear ansteigen. Bei teilweise symmetrischen Strukturen ist jedoch auf jeden Fall eine Reduzierung der Bearbeitungszeit gegeben.

3.2.1.4 __Negierung von Klammerausdrücken__

Ein weiterer Aspekt bei der Umwandlung Boolescher Ausdrücke in Anweisungsfolgen ist die Behandlungsweise von negierten Klammerausdrücken. Um ein Verknüpfungsergebnis einer Konjunktion oder Disjunktion negieren zu können, bedarf es einer weiteren Anweisung, einer 'Negierungsanweisung'. Man kann jedoch nach den Gesetzen der Booleschen Algebra einen negierten Klammerausdruck in der Weise auflösen, so daß nur Operanden negiert werden müssen.

Beispielsweise läßt sich die Gleichung

$$Y = \overline{(A \lor B \lor \overline{C})} \qquad (3.5)$$

überführen in

$$Y = \overline{A} \land \overline{B} \land C \qquad (3.6)$$

Da die Negierung in den Anweisungen zur Abfrage von Signalzuständen bereits mit berücksichtigt werden kann, ist eine Negierungsanweisung für einen Klammerausdruck deshalb nicht notwendig, sie würde zusätzlichen Speicherplatz benötigen und die Bearbeitungszeit geringfügig erhöhen.

3.2.2 <u>Ermittlung des Datensatzes und eines geeigneten Algorithmus für die Abarbeitung</u>

3.2.2.1 <u>Grundlegende Anweisungen zur Bildung eines Datensatzes</u>

Werden alle bisher genannten Anforderungen berücksichtigt, so resultiert daraus eine Grundstruktur für einen Datensatz, welcher im Prinzip aus vier grundlegenden Interpreteranweisungen gebildet wird (vgl. <u>Bild 3.8</u>). Sie werden deshalb im folgenden als 'Basisanweisungen' bezeichnet und bestehen aus den Anweisungen:

- UND   : Umschaltung auf 'UND-Logik' mit Ablage des Sprungzieles (falls ein Term der UND-Verknüpfung den Wert 'falsch' aufweist),

- ODER : Umschaltung auf 'ODER-Logik' mit Ablage des Sprungzieles (falls ein Term der ODER-Verknüpfung den Wert 'wahr' aufweist),

- RETURN: Ende einer Konjunktion oder Disjunktion mit Ergebnis 'wahr' bei 'UND-Logik' bzw. Ergebnis 'falsch' bei 'ODER-Logik',

- TEST X: Prüfe die Variable X auf 'wahr' bei 'UND-Logik' und auf 'falsch' bei 'ODER-Logik'. Bei negierter Variable wird das Prüfergebnis zusätzlich komplementiert.

Aus der in <u>Bild 3.8</u> in der Ausgangsform gegebenen Gleichung

$$Y = ((\overline{\overline{A} \vee \overline{B}}) \wedge \overline{C}) \wedge \overline{D} \wedge (E \vee F) \tag{3.7}$$

erhält man durch Umformung

$$Y = (A \wedge B \vee C) \wedge \overline{D} \wedge (E \vee F) \tag{3.8}$$

und durch Umstellung die Form

$$Y = \overline{D} \wedge (E \vee F) \wedge (C \vee A \wedge B) \tag{3.9}$$

Die Gleichung 3.9 kann nun auf einfache Weise in eine Folge von Interpreteranweisungen umgewandelt werden. Diese Folge läßt sich aus der Darstellung der Gleichung in Form eines Klammerordnungsbaumes (vgl. <u>Bild 3.4</u>) mit einem einfachen Algorithmus gewinnen.

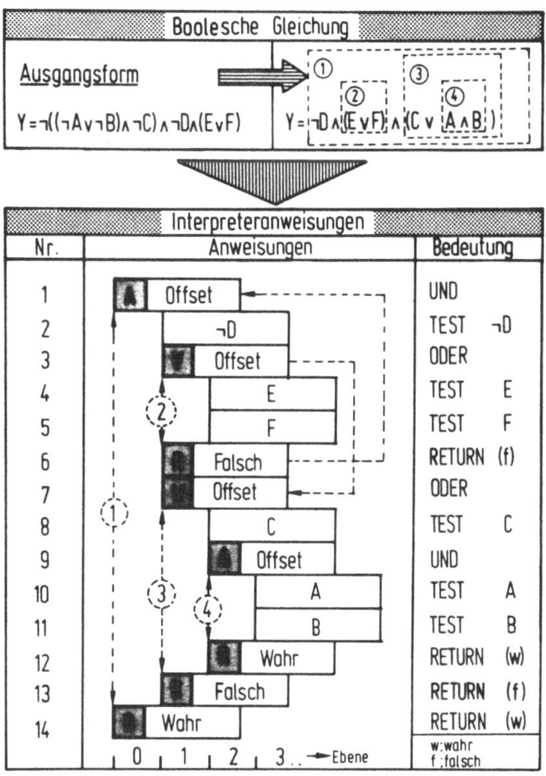

<u>Bild 3.8:</u> Boolesche Gleichung, dargestellt mit Interpreteranweisungen

3.2.2.2 <u>Algorithmus zur Abarbeitung der Basisanweisungen</u>

Für die sequentielle Bearbeitung (Abarbeitung) der auf diese
Weise erzeugten Struktur sind für einen Interpreteralgorith-
mus drei Grundregeln notwendig.

<u>Regel 1 (Logikumschaltung):</u>
Die 'UND'-Anweisung sowie die 'ODER'-Anweisung bewirken eine
interne Umschaltung der Verknüpfungslogik des Interpreters
auf die 'UND-Logik' bzw. auf die 'ODER-Logik' und eine
Erhöhung eines Klammerebenenzählers um den Wert 1. Zusätzlich wird die Adreßdistanz für das Überspringen von Anweisungen abgespeichert (vorzugsweise in einem Stackspeicher).

Diese Anweisungen legen die interne Verknüpfungslogik des
Interpreters fest und bestimmen die Behandlungsweise von
nachfolgenden Interpreteranweisungen. Der Klammerebenenzähler ist notwendig für die Feststellung, ob noch nachfolgende
Gleichungsterme zu bearbeiten sind und dient zur Positions-
ermittlung der zur Bildung von bedingten Sprüngen notwendigen Adreßdistanzen im Stackspeicher.

Aus dem Klammerordnungsbaum (vgl. <u>Bild 3.4</u>) ist erkennbar,
daß in jeder Ebene des Baums jeweils nur Operatoren für
Konjunktionen oder Disjunktionen enthalten sind und in den
Ebenen alternierend aufeinanderfolgen (Ebene 0: UND, Ebene
1: ODER, Ebene 2: UND...). Dies gilt unabhängig für beliebige, durch Klammerordnungsbäume dargestellte Boolesche
Gleichungen.

Als Kriterium für die Logikumschaltung kann diese sehr
wichtige Eigenschaft in den folgenden Regeln 2 und 3 vorteilhaft genutzt werden. Analog zu dieser Betrachtungsweise
zeigt die Darstellung in <u>Bild 3.8</u> in der Ebene 0 und 2 nur
die Konjunktionen (1) und (4) sowie in Ebene 1 nur die
Disjunktionen (2) und (3).

<u>Regel 2 (interne Verknüpfungslogik: 'ODER-Logik'):</u>

a) Für die <u>'TEST'-Anweisung</u> (Prüfung eines Operanden) gilt:

  - **Ergebnis 'wahr':**
    Der Klammerebenenzähler wird um den Wert 1 erniedrigt.
    Daraus resultiert eine notwendige Logikumschaltung auf
    die 'UND-Logik'. Der zuletzt abgespeicherte Adreß-
    offset wird eingesetzt und die restlichen Anweisungen
    der Disjunktion übersprungen (<u>Bild 3.8</u> Term 2). Wird
    der Klammerebenenzähler gleich Null, dann ist die
    gesamte Gleichung abgearbeitet und liefert das End-
    ergebnis 'wahr'.

  - **Ergebnis 'falsch':**
    Ausführung der nächsten Anweisung.

b) Die <u>'RETURN'-Anweisung</u> beendet die Disjunktion wie folgt:

  - Der Klammerebenenzähler wird um den Wert 2 erniedrigt.
    Eine Logikumschaltung ist deshalb nicht notwendig. Der
    Adreßoffset der eine Ebene niedriger liegende Konjunk-
    tion wird verwendet, um die restlichen Anweisungen
    (Terme) zu übergehen. Wird der Klammerebenenzähler
    kleiner oder gleich Null, ist die Gleichung abgearbei-
    tet und liefert das Endergebnis 'falsch'.

Ist im Beispiel in <u>Bild 3.8</u> die Disjunktion (2) 'falsch', so
ist damit die Konjunktion (1) insgesamt 'falsch' und die
Disjunktion (3) kann übersprungen werden durch Einsetzen des
für die Konjunktion (1) abgelegten Adreßoffsets (Anweisung
Nr.1). Da jedoch andererseits für diesen Fall der Klammerebenenzähler Null wurde, liefert damit die Gleichung das
Endergebnis 'falsch'.

<u>Regel 3 (interne Verknüpfungslogik: 'UND-Logik'):</u>

a) Für die <u>'TEST'-Anweisung</u> (Prüfung eines Operanden) gilt:

- **Ergebnis 'wahr':**
  Ausführung der nächsten Anweisung.

- **Ergebnis 'falsch':**
  Der Klammerebenenzähler wird um den Wert 1 erniedrigt.
  Die Interpreterlogik wird auf die 'UND-Logik' umgeschaltet und die restlichen Anweisungen der Konjunktion werden übersprungen. Wird der Klammerebenenzähler
  gleich Null, ist die Gleichung abgearbeitet und liefert das Endergebnis 'falsch'.

b) Die <u>'RETURN'-Anweisung</u> beendet die Konjunktion wie folgt:

- Der Klammerebenenzähler wird um den Wert 2 erniedrigt
  und die restlichen Anweisungen der eine Ebene niedri-
  ger liegende Disjunktion übersprungen. Wird der Klammerebenenzähler kleiner oder gleich Null, entsteht das
  Endergebnis 'wahr'.

3.2.3 **Erweiterung des Datensatzes**

Aufgrund der Analyse von Booleschen Gleichungen hinsichtlich
Optimierung der Bearbeitungszeit ergab sich zwangsläufig
eine Methodik zur Umwandlung Boolescher Gleichungen in eine
Folge von Anweisungen, bestehend aus den Logiksteueranweisungen (UND, ODER, RETURN) und einer Prüfanweisung (TEST).

Um diese Methodik in speicherprogrammierbaren Steuerungen
auf Basis von Zustandsgraphen allgemein anwenden zu können,
sind die Übergangsbedingungen dahingehend zu untersuchen,
welche Abfragen in diesen enthalten sein können. Die bisher
allgemein betrachtete Prüfanweisung 'TEST' sagt zunächst

nichts über die Art ihrer Operanden aus, von Wichtigkeit war
seither lediglich das Prüfergebnis, welches die beiden Werte
'wahr' oder 'falsch' annehmen kann.

Die Operanden der Prüfanweisung lassen sich in drei Gruppen
(vgl. Bild 3.9) unterteilen:

- TEST BIT   (Prüfung binärer Variable),
- TEST BEDINGUNG   (Prüfung eines Booleschen Ausdrucks),
- TEST VERGLEICH   (Prüfung eines Vergleichsergebnisses).

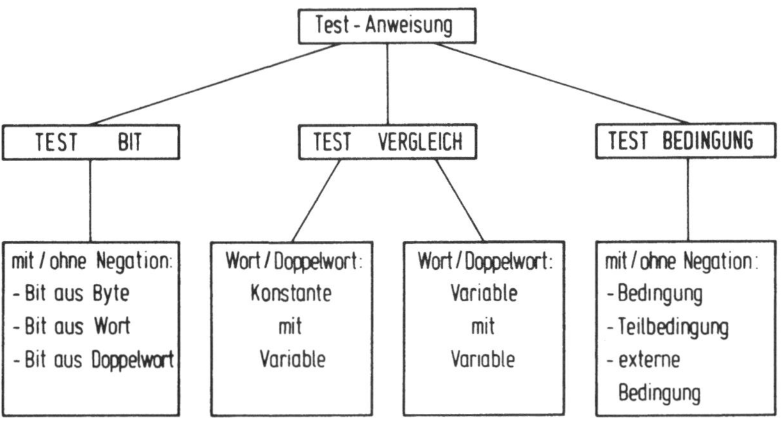

Bild 3.9: Gliederung einer TEST-Anweisung

3.2.3.1 Prüfung von Einzelsignalen

Die Anweisung zur Prüfung eines Bits (Einzelsignals) ist die
am häufigsten benötigte Anweisung in den Übergangsbedingungen. Sie dient zur Abfrage binärer Eingangssignale (Schal-
ter, Grenztaster etc.).

Da in Mikrorechnersteuerungen bei den Ein-/Ausgabeeinheiten die binären Ein- bzw. Ausgaben häufig in Gruppen (Ports) zu 8, 16 oder 32 bit zusammengefaßt sind, ist es sinnvoll, die Bittestanweisung in der Weise einzusetzen, daß zunächst eine Gruppe (Port) von Einzelsignalen aus dem E/A-Abbild selektiert und dann erst das gewünschte Einzelsignal aus dieser Gruppe ausgeblendet wird. Mit der Möglichkeit der negierten Abfrage ergeben sich somit 6 mögliche Anweisungen zur Prüfung eines Einzelsignals.

3.2.3.2 Zusammenfassung von Anweisungen

Eine Folge von zusammenhängenden Anweisungen (z.B. Anweisungen, welche einen Klammerausdruck repräsentieren) können als eine Art 'Unterprogramm' zusammengefaßt werden. Das logische Endergebnis dieser Anweisungsfolge wird anhand einer Prüfanweisung (vgl. Bild 3.9: TEST BEDINGUNG) ermittelt.

Diese Prüfanweisung unterteilt sich wiederum in die Prüfung von Bedingungen, Teilbedingungen und externen Bedingungen. Um in Zustandsgraphen oft wiederkehrende Bedingungen nicht jedesmal erneut ausprogrammieren zu müssen, kann jede beliebige Übergangsbedingung k_{mn} aus einer anderen Bedingung k_{ij} heraus geprüft werden. In Übergangsbedingungen oft wiederkehrende Klammerausdrücke (Terme) gleichen Inhalts können separat als Datensatz (Anweisungsfolge) abgelegt und als Teilbedingungen TB deklariert werden (Bild 3.10).

Mit der Verwendung von 'externen' Bedingungen soll dem Anwender ermöglicht werden, sich selbst Bausteine für spezielle und komplexe Anwendungsfälle zu schreiben. Diese Bausteine werden nicht interpretativ abgearbeitet, sondern wie ein Unterprogramm direkt aufgerufen. Mit der Definition einer Schnittstelle für die Übergabe des Prüfergebnisses kann dieser Baustein direkt eingebunden werden.

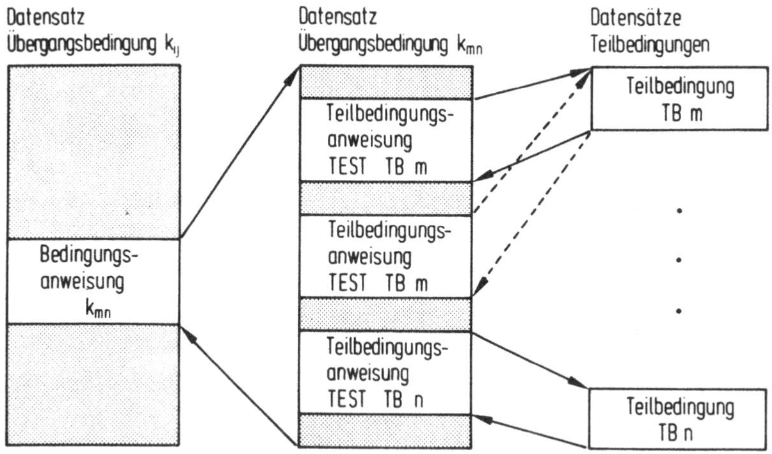

Bild 3.10: Unterprogrammtechnik in Datensätzen Boolescher
Gleichungen

3.2.3.3 Vergleichsoperationen

Für Anweisungen zur Prüfung von Vergleichsergebnissen ist
die Festlegung der Vergleichsoperanden notwendig. Operanden
für Vergleiche (**Bild 3.11**) können sein:

- Konstanten,
- einfache Variable,
- spezielle Variable.

Konstante sind hier ganze Zahlen, die sich mit einem Wort
oder Doppelwort (16 bzw. 32 bit) darstellen lassen. Sie
werden z.B. für Zeitvergleiche benötigt.

Einfache Variable werden vom Anwender frei definiert. Sie
sind nur durch Anweisungen des Steuerprogramms veränderbar

VERGLEICHE	OPERAND 2					
	Zustandsvariable	Zeitvariable	Eingabevariable	Eingabevariable B→W	Variable	Konstante
Zustandsvariable	W	—	—	—	W	W
Zustandsvariable W→DW	—	—	—	—	DW	—
Zeitvariable	—	W/DW	—	—	W/DW	W/DW
Zeitvariable W→DW	—	DW	—	—	DW	—
Eingabevariable	—	—	W/DW	—	W/DW	W/DW
Eingabevariable B→W, W→DW	—	—	W/DW	W	W/DW	—
Variable	W	W/DW	W/DW	W	W/DW	W/DW
Variable W→DW	—	DW	DW	—	DW	—

(Zeile OPERAND 1)

B. Byte (8 bit)   W Wort (16 bit)   DW Doppelwort (32 bit)
W→DW Wort erweitert auf Doppelwort

Bild 3.11: Zulässige Kombinationen von Vergleichsoperanden

im Gegensatz zu den speziellen Variablen, auf deren Inhalt
das Interpreterprogramm auf irgendeine Art und Weise Einfluß
nehmen kann und die aus diesen Gründen in gesonderten Daten-
bereichen in der Steuerung abgelegt sind. Zu diesen speziellen Variablen gehören:

- Zustandsvariable:
  Diese Variable werden nur von dem Interpreterprogramm
  verändert, der Anwender besitzt die Möglichkeit, deren
  Inhalt abzufragen.

- Zeitvariable:
  Die Zeitvariable sind vom Anwender frei setz- und abfrag-
  bar, werden aber vom Interpreterprogramm in einem konstanten zeitlichen Abstand verändert.

- Ein-/Ausgabevariable:
  Diese Variable repräsentieren das Ein-/Ausgabeabbild. Der
  Zugriff ist für den Anwender eingeschränkt, so können die
  Eingabevariablen nur gelesen und die Ausgabevariablen nur
  geschrieben werden. Das E/A-Abbild wird durch das Inter-
  preterprogramm zyklisch aufgefrischt.

Für die Vergleichsoperationen muß die Datenbreite der beiden
Operanden übereinstimmen, so kann z.B. eine Eingabevariable
mit 8 bit Datenbreite nicht direkt mit einer Variablen mit
16 bit Datenbreite verglichen werden, ohne vorher die Eingabevariable auf 16 bit zu erweitern. Weiterhin ist es nicht
sinnvoll, sämtliche Kombinationen von Vergleichsoperanden
zuzulassen, <u>Bild 3.11</u> zeigt die zulässigen in einer Übersicht.

3.3 <u>Umwandlung der Zustandsanweisungen in einen Datensatz</u>

Die DIN-Norm 19 239 /4/ und die VDI-Richtlinien 2880 /29/
bilden die Grundlage für die Ermittlung der Zustandsanweisungen. Die dort festgelegten Anweisungen sind nicht direkt
anwendbar, da bei der Programmierung mit Zustandsgraphen
eine strikte Trennung der logischen Verknüpfungen (Übergangsbedingungen) und der Aktionen (Zustandsanweisungen)
eingehalten wird.

Der Zustandswechsel eines Graphen bewirkt die Ausführung von
Aktionen, dargestellt als Folge von 'unbedingten Anweisungen'. Die Aktionen werden dabei in einer problemorientierten höheren Sprache formuliert und von einem Programm in
Interpreteranweisungen umgewandelt. Der Grapheninterpreter

/30/ arbeitet diese Anweisungen, welche elementare Anweisungen für Wertzuweisungen, logische und arithmetische Operationen darstellen, mit Hilfe eines geeigneten Algorithmus ab.

3.3.1 Wertzuweisungen

Die Wertzuweisung hat die Aufgabe, den momentanen Wert einer Variablen durch einen neuen Wert zu ersetzen, der sich durch die Auswertung eines Ausdrucks ergibt /31/.

Wertzuweisung: < Variable > := < Ausdruck >   (3.10)

Bei der Wertzuweisung ist sehr wesentlich, daß der Typ der Variablen mit dem Typ des Ausdrucks übereinstimmt. Ausdrücke können dabei aus Konstanten, Variablen, Operatoren und Klammern gebildet werden, deren Auswertung zu einem neuen Wert führt.

Der Ausdruck in Gl. 3.10 kann im einfachsten Fall aus einer Konstanten oder Variablen bestehen. Dann läßt sich die Wertzuweisung mit einer einzigen Interpreteranweisung formulieren. Die Interpreteranweisung enthält implizit eine eventuell notwendige Typwandlung. So kann z.B. der Inhalt einer Variablen vom Typ 'Wort' einer Variablen vom Typ 'Doppelwort' zugewiesen werden, der Wert wird dabei vorzeichenrichtig erweitert.

Den Datenaufbau einer Interpreteranweisung für eine einfache Wertzuweisung einer Konstanten oder Variablen zu einer Variablen zeigt **Bild 3.12**. Die Daten für die auszuführende Operation enthalten Informationen über die Art der Zuweisung, die Länge der Operanden und Hinweise auf eine vorzunehmende Typwandlung des Quelloperanden zur Angleichung der Datenlänge der beiden Operanden.

Die Daten zur Beschreibung des Quelloperanden, falls dieser
keine Konstante darstellt, und des Zieloperanden enthalten
Werte zur Kennung und zur Adressierung. Die Kennung dient
zur Lokalisierung der Datenbereiche, in welchen die Variablen aufzufinden sind, und der Adreßoffset bestimmt die
relative Position innerhalb eines Datenbereichs.

Operation	Zuweisungsart:	Variable ◄── Konstante / Variable	
	Operanden- darstellung:	Byte, Wort, Doppelwort	
	Typkonversion:	Byte ──► Wort, Wort ──► Doppelwort	
Zieloperand	Kennung:	Variable, Ausgabevariable, Zeitvariable	
	Adressierung:	Adresse in zugehörigem Datenbereich	
Quelloperand	bei Konstantenzuweisung		bei Variablenzuweisung
	Konstante		Kennung
	(Byte, Wort, Doppelwort)		Adressierung

Bild 3.12: Datenaufbau einer Interpreteranweisung für eine
einfache Wertzuweisung

Abschlußoperationen /29/, wie sie zum Setzen und Rücksetzen
binärer Ausgabevariablen benötigt werden, entsprechen nach
der Definition nach Gl. 3.10 binären Wertzuweisungen der
Booleschen Konstanten '0' oder 'L' zu den zugehörigen Ausgabevariablen.

Für die Ausgabe von Einzelsignalen ist es notwendig, wie bei
der Prüfung von Einzelsignalen (vgl. 3.2.3.1), die binäre
Wertzuweisung so zu erweitern, daß unter Angabe einer Bit-
nummer eine einzelne binäre Stelle eines beliebigen Operanden gesetzt, rückgesetzt oder komplementiert werden kann.

3.3.2 <u>Arithmetische und logische Ausdrücke</u>

Um Ausdrücke mit Operatoren und Klammern als Folge von
Interpreteranweisungen darstellen zu können, müssen diese in
Teilausdrücke zerlegt werden. Unter Beachtung der Reihenfolge von Operationen sowie der Regeln zur Klammersetzung
erfolgt die Zerlegung so, daß die entstandenen Teilausdrücke
mit wenigen Interpreteranweisungen formulierbar sind.

Grundlegende und bereits bekannte Techniken zur Zerlegung
arithmetischer Wertzuweisungen /32/ und Methoden für die
Bearbeitung solcher Ausdrücke mittels eines Kellerungsprin-
zips bilden die Basis bei der Ermittlung der notwendigen
Anweisungen.

Die Interpreteranweisungen sind so ausgerichtet, daß für die
Bearbeitung eines Ausdrucks prinzipiell ein Arbeitsregister,
hier A0 (Akkumulator), und ein Kellerspeicher (Stack) aus-
reicht. Da nicht auszuschließen ist, daß für einen Operanden
vor einer arithmetischen Operation eine Typwandlung vorgenommen werden muß, wird ein zusätzliches Hilfsregister A1
eingeführt. Der Operand wird dazu in das Hilfsregister geladen und dem Operandentyp in A0 angepaßt. Danach erfolgt
die Ausführung der Operation.

Anhand der arithmetischen Wertzuweisung

$$a := (b * c - d * e) / (f + g) \qquad (3.11)$$

ist in <u>Bild 3.13</u> beispielhaft die Methodik für die Umwandlung der Teilausdrücke in Interpreteranweisungen aufgezeigt.
Die Darstellung der vom Interpreter aufgrund der Anweisungen
ausgeführten Aktionen und das Ablegen der Zwischenergebnisse
Z_i auf den Stack S veranschaulicht dessen Arbeitsweise.

Für die Berechnung von arithmetischen bzw. logischen Wertzuweisungen sind folgende Interpreteranweisungen notwendig:

	Teil-ausdruck	Interpreter-anweisung		Aktion	Register		Stack		
					AO	A1	SO	S1	S2
1	$Z_1 := f+g$	LOAD	f	$AO \leftarrow f$	f	0	0	0	0
2		ADD	g	$A1 \leftarrow g,\ AO \leftarrow AO+A1$	Z_1	g	0	0	0
3		STACK	(Z_1)	$SO \leftarrow AO$	Z_1	g	Z_1	0	0
4	$Z_2 := d \times e$	LOAD	d	$AO \leftarrow d$	d	g	Z_1	0	0
5		MUL	e	$A1 \leftarrow e,\ AO \leftarrow AO \times A1$	Z_2	e	Z_1	0	0
6		STACK	(Z_2)	$SO \leftarrow AO$	Z_2	e	Z_2	Z_1	0
7	$Z_3 := b \times c$	LOAD	b	$AO \leftarrow b$	a	e	Z_2	Z_1	0
8		MUL	c	$A1 \leftarrow c,\ AO \leftarrow AO \times A1$	Z_3	c	Z_2	Z_1	0
9	$Z_2 := Z_3 - Z_2$	SUB	(Z_2)	$AO \leftarrow AO - SO$	Z_2	c	Z_1	0	0
10	$Z_1 := Z_2 / Z_1$	DIV	(Z_1)	$AO \leftarrow AO / SO$	Z_1	c	0	0	0
11	$a := Z_1$	STORE	a	$a \leftarrow AO$	Z_1	c	0	0	0

AO Arbeitsregister Z_i Zwischenergebnisse
A1 Hilfsregister S_i Stackelemente

Bild 3.13: Darstellung einer arithmetischen Wertzuweisung
als Folge von Interpreteranweisungen

- Anweisung zum Laden eines Operanden (LOAD).
Diese Anweisung bringt den ersten Operanden eines Teilaus-
drucks in das Arbeitsregister.

- Arithmetische Anweisung (ADD, SUB, MUL, DIV, SIGN).
Die arithmetische Anweisung beinhaltet die vier Grundre-
chenarten und die Vorzeichenumkehr. Die mathematische
Operation wird mit dem Arbeitsregister und den Operanden
der arithmetischen Anweisung durchgeführt. Das Ergebnis
steht im Arbeitsregister. Für die arithmetische Anweisung
ist auch das oberste Element eines Zwischenergebniskellers
als Operand zugelassen.

- Logische Anweisung (AND, OR, XOR, NOT).
Die bitweise Verknüpfung von digitalen Operanden nach den
Gesetzen der Booleschen Algebra wird mit der logischen

Anweisung durchgeführt. Die Bearbeitung der Anweisung erfolgt wie bei der arithmetischen Anweisung.

- Anweisung zum Speichern eines Zwischenergebnisses (STACK).
Das Zwischenergebnis im Arbeitsregister wird auf einem Kellerspeicher abgelegt.

- Anweisung für die Ergebniszuweisung (STORE).
Das Ergebnis einer mathematischen Operation, stehend im Arbeitsregister, wird dem Operanden zugewiesen.

3.4 Zeitkritische Signale

3.4.1 Entstehung zeitkritischer Signale

Die das Steuerungsproblem beschreibenden Zustandsgraphen werden zyklisch durch den Grapheninterpreter abgearbeitet, dies entspricht der zyklischen Arbeitsweise von herkömmlichen SPS. Bei Beginn des Zyklus werden sämtliche Eingaben in einen internen Speicherbereich eingelesen und am Ende der Bearbeitung die Ausgaben aktualisiert (Bildung eines E/A-Abbildes). Die Reaktionszeit auf ein Ereignis im Prozeß kann aufgrund der zyklischen Arbeitsweise zwei Zykluszeiten betragen /33/. Zeitkritische Prozeßsignale /34/ erfordern daher eine genauere Betrachtung.

Das <u>Bild 3.14</u> zeigt beispielhaft ein Prozeßereignis, welches eine kurze Reaktionszeit erfordert. Für den Positioniervorgang muß gewährleistet sein, daß nach Erkennung des Genaupunktsignals der Stillstand innerhalb eines Toleranzbereiches $s_{TB} = s_{max} - s_{min}$ gewährleistet ist. Der Reaktionsweg s_R ist dabei abhängig von der Geschwindigkeit der Leseeinrichtung $v(t)$ und der innerhalb gewisser Grenzen variierenden Reaktionszeit der Steuerung auf das zeitkritische Eingangssignal.

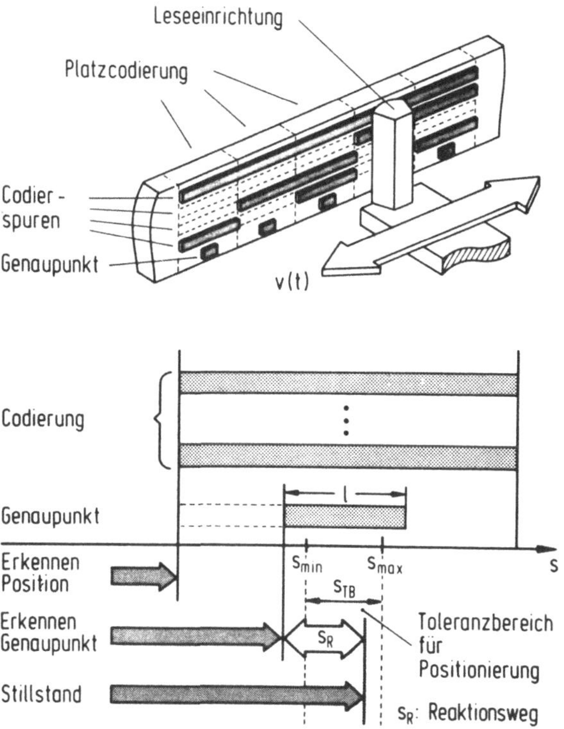

Bild 3.14: Entstehung eines 'zeitkritischen' Eingangsignals
am Beispiel einer Leseeinrichtung

3.4.2 Verfahren zur Verarbeitung zeitkritischer Signale

Zwei mögliche Verfahren eignen sich für die Verarbeitung
zeitkritischer Signale, welche nur kurzzeitig an den Ein-
gängen anstehen, oder solchen, auf die innerhalb kürzester
Zeit eine Reaktion erfolgen muß /35/. Das eine Verfahren
beruht darauf, daß die zeitkritischen Signale auf interruptfähige Eingabebaugruppen gelegt werden und bei Signalwechsel
den eigentlichen SPS-Zyklus unterbrechen können. Hierfür

sind jedoch spezielle Interruptantwortprogramme erforderlich. Bei dem anderen Verfahren werden innerhalb eines SPS-
Zyklus mehrfach die Programmteile bearbeitet, welche die
zeitkritischen Signale beinhalten. Dieses Verfahren wird
dann angewandt, wenn keine interruptfähigen Eingabebaugruppen für die SPS zur Verfügung stehen.

Die erstgenannte Alternative läßt sich bei Verwendung der
Zustandsgraphen als Grundlage für das Steuerprogramm nicht
ohne weiteres einsetzen, da hierfür folgende Voraussetzungen
gegeben sein müssen:

- Querverweise von zeitkritischen Eingangssignalen zu den
  zugehörigen Zustandsgraphen müssen vorliegen.

- Die Programmiermethodik mit Zustandsgraphen muß sich auch
  für die Behandlung von Funktionseinheiten mit zeitkritischen Signalen verwenden lassen. Es dürfen also keine
  Reaktionen auf zeitkritische Signale in der Weise erfolgen, daß in den zugehörigen Interruptantwortprogrammen
  direkte Aktionen (z.B. Setzen von Stellgliedern) ausgeführt werden, sondern die Zustandsgraphen, welche die
  zeitkritischen Signale beinhalten, sind bevorzugt zu bearbeiten.

- Da ein Zustandsgraph, welcher eine Funktionseinheit mit
  zeitkritischen Signalen beschreibt, über die Zustandsvariable mit anderen Zustandsgraphen verkettet sein kann,
  sind besondere Synchronisierungsmechanismen notwendig. Es
  könnte z.B. der Fall eintreten, daß die Bearbeitung einer
  Übergangsbedingung k_{ij} eines beliebigen Graphen G_n aufgrund eines Prozeßereignisses durch die bevorzugte Behandlung eines Graphen G_m unterbrochen wird. Wenn nun die
  Bedingung k_{ij} zwei Abfragen des Zustandes des Graphen G_m
  enthält und vor der Unterbrechung die erste Abfrage schon
  erfolgte, so steht bei Zustandsänderung des Graphen G_m die
  zweite Zustandsabfrage im Widerspruch zu der ersten.

Eine Verlängerung der Zykluszeit ergibt sich bei Anwendung des zweiten Verfahrens, welches die mehrfache Bearbeitung des Teilprogramms für einen einzelnen, mit zeitkritischen Signalen behafteten Zustandsgraphen G_z vorsieht. Zudem erfolgt wegen den unterschiedlichen Bearbeitungszeiten der Teilprogramme der anderen Graphen die Behandlung des Graphen G_z nur in unregelmäßigen Zeitintervallen.

Durch die mehrfache Bearbeitung wird zudem noch die Umgehung des E/A-Abbildes erforderlich, um innerhalb eines Zyklus auf Prozeßänderungen reagieren zu können. Dadurch ist eine separate Behandlung der zu diesem Graphen zugeordneten Ein-/Ausgaben bedingt. Diese Behandlung ist jedoch nicht unproblematisch, da sie nicht ohne weiteres systematisiert werden kann und zusätzliche Risiken der Entstehung möglicher Hazards innerhalb eines Zyklus beinhaltet /10/.

3.4.3 Einteilung von Graphen nach Zeitkriterien

Um die Programmiermethodik mit Zustandsgraphen auch ohne interruptfähige Eingabebaugruppen beibehalten zu können, wird nachfolgend eine Lösung vorgestellt, welche als Kompromiß der beiden genannten Verfahren anzusehen ist. Dabei geht man von einer Einteilung der Funktionseinheiten (FE) einer Fertigungseinrichtung in drei Arten aus, den 'zeitkritischen', 'weniger zeitkritischen' und 'zeitunkritischen' Funktionseinheiten.

Es zeigte sich bei Untersuchungen im Rahmen der Arbeit, daß in Fertigungseinrichtungen ungefähr 5...10% zeitkritische FE (mit Alarmsignalen) und 10...40% weniger zeitkritische FE (mit Endschaltern) auftraten, der Rest entfiel auf zeitunkritische FE (für Abläufe, Bedienung). Faßt man nun die Datensätze der Graphen in den Sätzen A (zeitunkritische FE), B (weniger zeitkritische FE) und C (zeitkritische FE) zusammen, so kann der Grapheninterpreter diese unter Zuhilfenahme

einer Zeitverwaltung mit unterschiedlicher zyklischer Beauf-
tragung abarbeiten. Bei dieser Einteilung können als Richt-
werte aus einem Grundzeittakt T_{GI} von 1 ms Beauftragungs-
zeiten von T_A= 20...50 ms, T_B= 10...15 ms und T_C= 2...5
ms für die einzelnen Sätze abgeleitet werden (Bild 3.15).

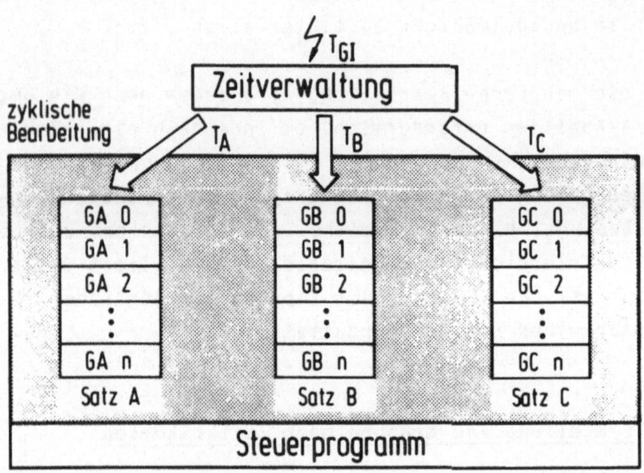

Bild 3.15: Verteilung der Zustandsgraphen auf Sätze

3.4.4 Synchronisation mehrerer Bearbeitungszyklen

Für dieses Verfahren ist eine Behandlung der Ein-/Ausgaben
und der Zustandsvariablen nach strengen Vorschriften zur
Vermeidung von Hazards innerhalb eines Zyklus notwendig.

Vorschrift 1:
Gleiche Prozeßsignale (hauptsächlich E/A-Signale) dürfen nur
innerhalb eines einzigen Graphen programmiert werden.

Für die Programmierung bedeutet diese Vorschrift eine Einschränkung, erhöht aber die Transparenz und Übersichtlich-

keit bei der Verkettung von Zustandsgraphen. Die Einhaltung
dieser Vorschrift ist leicht möglich, da die Geber einer FE
sowieso nur innerhalb einem Graphen aufzufinden sind, der
diese FE beschreibt. Ebenso werden zu Verriegelungszwecken
in anderen FE nicht die Gebersignale sondern die Zustände
einer FE herangezogen.

Vorschrift 2:
Die Verkettung von Zustandsgraphen in unterschiedlichen
Bearbeitungzyklen darf ausschließlich nur über die Zustands-
variablen erfolgen.

Aufgrund dieser Vorschrift ergeben sich einfache Schnittstellen für Graphen in unterschiedlichen Zyklen. Damit wird
eine systematische Vorgehensweise für die zeitliche Synchronisation der verschiedenen Zyklen und die Aktualisierung des
E/A-Abbildes unter Vermeidung von Hazards ermöglicht.

Vorschrift 3:
Jeder Bearbeitungszyklus muß ein eigenes Prozeßabbild be-
sitzen, für welches jeweils am Beginn die zugehörigen
Prozeßeingaben gelesen und am Ende der Bearbeitung die
Prozeßausgaben aktualisiert werden (Bild 3.16).

Vorschrift 4:
Die Zustandsvariablen der Graphen in 'schnellen Zyklen'
(d.h. Zyklen mit kurzer Zykluszeit) dürfen für die Verwendung in Graphen von 'langsamen Zyklen' nur am Beginn der
'langsamen Zyklen' in ein Zustandsabbild umgespeichert werden (Bild 3.16).

Die Zustandsvariablen der schnellen Zyklen sind also für die
langsamen Zyklen wie Prozeßeingaben zu betrachten. Umgekehrt
jedoch dürfen Graphen von schnelleren Zyklen auf die Zustandsvariablen von langsameren Zyklen zugreifen, da sich
diese während der Bearbeitung der schnelleren (höherprioren)
Zyklen nicht verändern können.

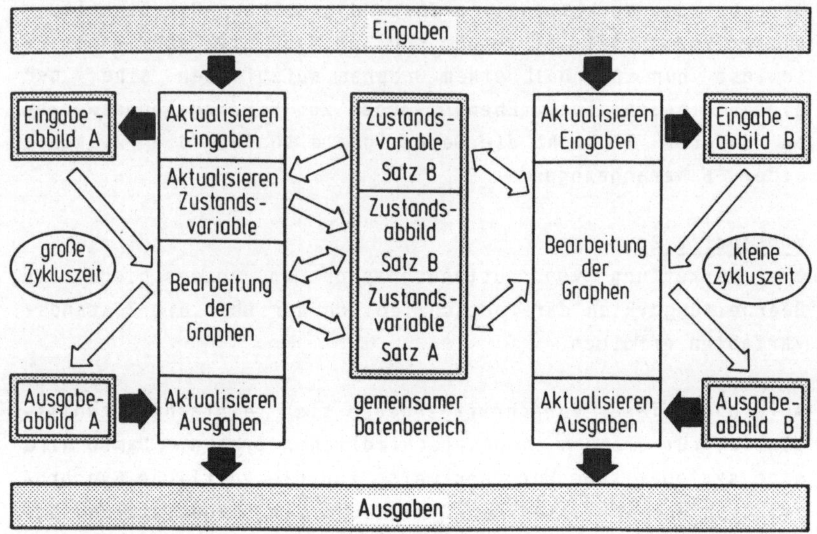

Bild 3.16: Verkettung von Zustandsgraphen in unterschiedlichen Bearbeitungszyklen

Vorschrift 5:
Eine Zeitüberwachung hat dafür zu sorgen, daß bei der Bearbeitung der Datensätze keine Zeitprobleme entstehen.

Es muß gewährleistet sein, daß innerhalb eines sog. 'Basis-
zyklus' alle Bearbeitungszyklen abgeschlossen sind. Da die
Bearbeitungszeit für die Teilprogramme der einzelnen Zustandsgraphen von der Anzahl der aus einem Zustand wegführenden Übergangsbedingungen und der Komplexität dieser
Bedingungen abhängt, werden für die Summen der Bearbeitungszeiten der Teilprogramme innerhalb eines Zyklus die Mittelwerte t_{AM}, t_{BM} und t_{CM} angenommen (<u>Bild 3.17</u>).

Mit den Zykluszeiten T_A, T_B und T_C als ganzzahlige Vielfache
des Grundzeittaktes T_{GI} für die Bearbeitung der drei Sätze

A, B und C ergibt sich die Forderung, daß

$$t_{AM} + \frac{T_A}{T_B} * t_{BM} + \frac{T_A}{T_C} * t_{CM} \leq T_A \qquad (3.12)$$

sein muß. Durch Umstellung ergibt sich die Gleichung

$$\frac{t_{AM}}{T_A} + \frac{t_{BM}}{T_B} + \frac{t_{CM}}{T_C} \leq k \qquad (\text{für } k \leq 1) \qquad (3.13)$$

Um den Einfluß von Unsicherheiten bei der Abschätzung der mittleren Bearbeitungszeiten zu verringern, wird man zweckmäßigerweise den Faktor k mit k= 0,8...0,9 bemessen und erhält damit eine Abschätzung für die Zykluszeitüberwachung.

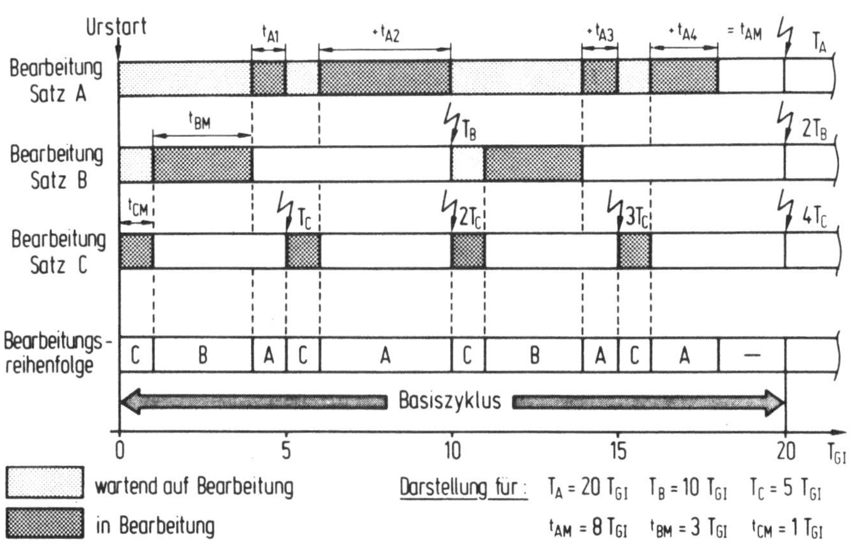

Bild 3.17: Zeitliche Synchronisation der Bearbeitungszyklen

3.5 <u>Interpretative Bearbeitung des Steuerprogramms mit einem Grapheninterpreter</u>

3.5.1 <u>Systemprogramme</u>

Die Systemprogramme einer speicherprogrammierbaren Steuerung (SPS) auf Basis von Zustandsgraphen müssen im wesentlichen zwei Hauptaufgaben erfüllen (<u>Bild 3.18</u>). Die erste Aufgabe besteht in der interpretativen Bearbeitung der vom Anwender programmierten Zustandsgraphen (SPS-Programm). Als zweite Aufgabe ist die Kommunikation und Bedienung zu sehen. Positionierung und Lageregelung können einen erweiterten Aufgabenbereich der SPS darstellen, z.B. bei Steuerungen von Fördermitteln /36/, werden aber in diesem Rahmen nicht näher betrachtet.

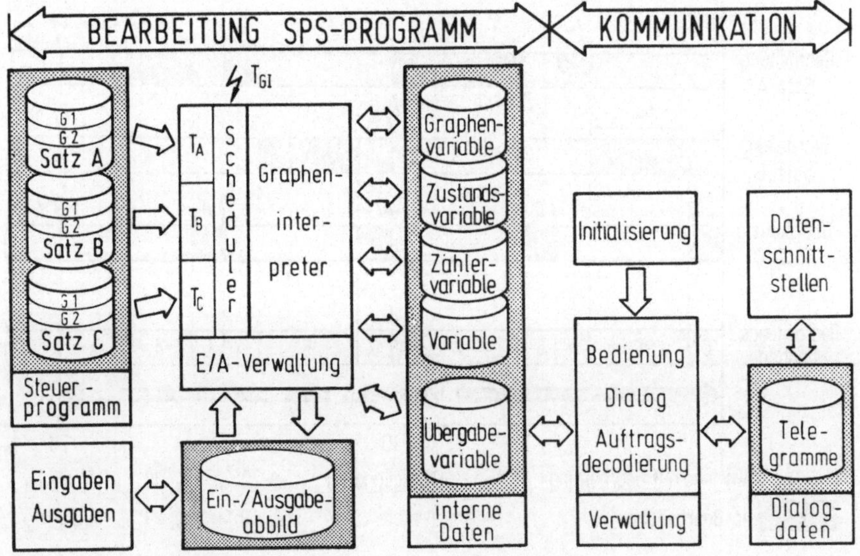

<u>Bild 3.18:</u> Arbeitsweise der speicherprogrammierbaren Steuerung auf Basis von Zustandsgraphen

3.5.1.1 **Kommunikation**

Datenschnittstellen /37,38/ ermöglichen die Verbindung der SPS mit einem Programmiergerät sowie die Bedienung einer Anlage über eine Bedieneinheit (Bildschirmgerät). In größeren Fertigungseinrichtungen werden die Datenschnittstellen zum Austausch von Daten mit übergeordneten Rechnern, beim Verbund mehrerer SPS /11/ und mit numerischen Steuerungen (CNC) /39/ benötigt.

Genormte Schnittstellen mit geringer Datenübertragungsrate (bis 19200 Baud) genügen im allgemeinen für den Anschluß von Standardgeräten, wie Bildschirm und Drucker. Die Anforderung zur Übertragung umfangreicherer Datenmengen entsteht meist beim Steuerungsverbund und erfordert dann höhere Übertragungsgeschwindigkeiten.

Für die Kopplung einer SPS mit einem Programmiergerät müssen Treiberprogramme zum Laden des Steuerprogramms und zum Dialog bei Inbetriebnahme und Test bereitgestellt werden. Zweckmäßigerweise wird man hierzu, wie auch bei der Kopplung mit anderen SPS, für die asynchrone Übertragung Telegramme mit einem festgelegten Übertragungsprotokoll verwenden. Diese Telegramme sind durch eine variable Länge und durch eine Start- und Endekennung gekennzeichnet.

Aufgrund der Interruptstruktur bei den Treiberprogrammen werden die empfangenen Daten Zeichen für Zeichen in dem Dialogdatenpuffer abgelegt, bis ein vollständiges Telegramm erhalten wurde. Bei eventuellen Übertragungsfehlern oder abgebrochenen Telegrammen durch Störungen müssen Fehlererkennungsroutinen Wiederholungsanforderungen bzw. Fehlermeldungen absetzen und eine automatische Synchronisierung des Auftrags-/Quittierungsverfahrens beim Wiederstart ermöglichen.

Nach dem Empfang eines Auftragstelegramms wird der Auftrag

entschlüsselt und die empfangenen Daten mittels den sog. 'Übergabevariablen' (vgl. Bild 3.18) aufbereitet in den Übergabebereich des Grapheninterpreters geschrieben. Diese Aufträge können sowohl Aufträge für den Interpreter selbst (für Test und Diagnose) als auch Aufträge zur Auslösung einzelner Programmabläufe sein. Nach erfolgter Auftragsausführung wird dem auftraggebenden Gerät ein Telegramm zur Bestätigung mit den entsprechenden Quittierungsdaten rückgeführt.

3.5.1.2 Bearbeitung eines Datensatzes in einem Zyklus

Für die interpretative Bearbeitung eines Satzes, bestehend aus den Daten mehrerer Graphen, läßt sich ein einfacher Algorithmus aufstellen (Bild 3.19). Nach der Aktualisierung des Eingabeabbildes wird die Position der zu bearbeitenden Daten des jeweiligen Zustandsgraphen im Datensatz ermittelt und geprüft, ob dieser Graph für die momentane Bearbeitung 'aktiv' ist. Da mit Hilfe der Graphenvariable im Steuerprogramm die Bearbeitung der Daten einzelner Graphen ausgeschlossen werden kann, ist eine kürzere mittlere Interpretationszeit der Datensätze erreichbar. Ist ein Graph aktiv, wird dieser in folgender Sequenz bearbeitet:

- Ermittlung des aktuellen Zustandes des Graphen.

- Berechnung der Startadresse für die aus diesem Zustand wegführenden Übergangsbedingungen aus den Strukturdaten des Graphen. Damit wird die Anzahl der zu prüfenden Bedingungen auf diejenigen begrenzt, welche im augenblicklichen Zustand der Steuerung relevant sind.

- Interpretative Abarbeitung der Booleschen Gleichungen der zu prüfenden Übergangsbedingungen solange, bis alle Bedingungen geprüft wurden oder eine davon erfüllt ist.

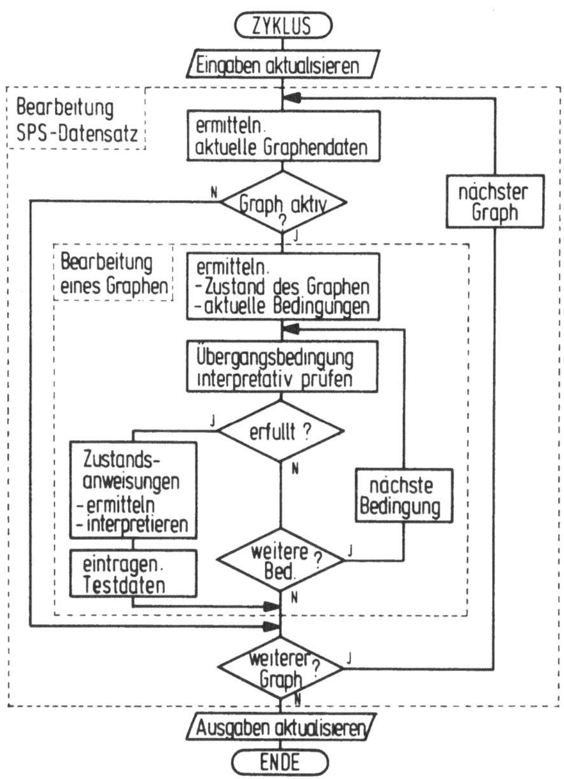

Bild 3.19: Bearbeitung eines Datensatzes des Steuerprogramms

- Ermittlung und Ausführung der zum Zielzustand gehörenden Zustandsanweisungen bei Erfüllung einer Bedingung, die Zustandsvariable erhält dabei die Zielzustandsnummer.

- Eintragen von Informationen über durchgeführte Zustandsänderungen in eine 'Tracetabelle' zu Testzwecken.

Nach der Bearbeitung der Daten des Graphen wiederholt sich diese Prozedur für die folgenden Graphen. Am Ende eines gesamten Satzzyklus wird die Aktualisierung der Ausgaben mittels des Ausgabeabbildes vorgenommen.

3.5.2 <u>Zeitbetrachtungen</u>

Bei der Programmierung von Steuerungsaufgaben tritt immer
wieder die Frage in den Vordergrund, wie lange benötigt die
Steuerung für die Bearbeitung des Steuerprogramms? Werden
Zustandsgraphen als Programmgrundlage verwendet, läßt sich
diese Frage nicht ohne weiteres beantworten, da zu viele
Faktoren einen Einfluß besitzen. So ist die mittlere Zykluszeit immer vom momentanen Bearbeitungszustand des Prozesses
abhängig. Die zeitlichen Einflüsse können insgesamt in drei
Gruppen aufgeteilt werden:

a) **Einflüsse während der Bearbeitung der Daten des gesamten
Zyklus:**
Bestimmte Zustandsgraphen sind im momentanen Bearbei-
tungszustand nicht relevant und werden mittels der
Graphenvariablen von der Bearbeitung ausgeschlossen.

b) **Einflüsse bei der Bearbeitung der Daten eines einzelnen
Graphen:**
Beim Start der Bearbeitung der Daten eines Graphen ist
immer nur ein Zustand des Graphen gültig. Alle aus diesem
aktuellen Zustand wegführenden Übergangsbedingungen müssen bearbeitet werden, außer wenn während dieser Bearbeitung eine davon erfüllt ist. Die Anzahl der zu bearbeitenden Übergangsbedingungen variiert je nach momentanem
Prozeßzustand und nach Komlexität des Graphen.

c) **Einflüsse bei der Bearbeitung der Daten (Anweisungen)
einer einzelnen Bedingung:**
Die logische Struktur einer Bedingung, die Anzahl der
Terme und der logische Gehalt dieser Terme wirken sich
auf die Bearbeitungszeit aus (vgl. Kap.3.2.1).

Unter bestimmten Voraussetzungen lassen sich jedoch Aussagen
machen, welche zu einer näherungsweisen Abschätzung der
mittleren Bearbeitungszeit für einen SPS-Zyklus führen.

3.5.2.1 Abschätzung der mittleren Bearbeitungszeit für ein Steuerprogramm

Ausgangspunkt für die Zeitabschätzung ist der in <u>Bild 3.19</u> dargestellte Algorithmus zur Bearbeitung eines Steuerprogramms mit n_g Graphen. Hierzu wird ein Steuerprogramm mit nur einem einzigen Zyklus vorausgesetzt. Für diesen Zyklus kann näherungsweise die mittlere zyklische Bearbeitungszeit t_{ZM} wie folgt angegeben werden:

$$t_{ZM} = t_{E/A} + n_g * t_{GM} \qquad (3.14)$$

Dabei stellt $t_{E/A}$ die Zeit für die Aktualisierung des E/A-Abbildes dar und t_{GM} entspricht der mittleren Bearbeitungszeit der Daten eines einzelnen Graphen.

Treten innerhalb eines Zyklus keine Zustandsänderungen auf, so spricht man von einem 'statischen' Zyklus. Ein statischer Zyklus ist Voraussetzung für die Abschätzung von t_{ZM}, da für diesen Fall die Bearbeitungszeit für die Ermittlung und Interpretation der Zustandsanweisungen sowie die Eintragung der Testdaten in den Tracespeicher vernachlässigt werden kann. Die Wahrscheinlichkeit, daß mehr als eine Zustandsänderung innerhalb eines Zyklus erfolgt, ist sehr gering. Aufgrund dieser Tatsache kann bei einer Zustandsänderung die zusätzliche Bearbeitungszeit für die Zustandsanweisungen theoretisch über mehrere Zyklen verteilt werden, sie trägt deshalb zu keiner wesentlichen Erhöhung der mittleren Bearbeitungszeit bei.

Die Strukturen aller n_g Graphen eines Steuerprogramms bilden die Grundlage, um daraus für jeden Graphen i die Verknüpfungstiefe V_{ki} (vgl. Gl. 3.1) zu ermitteln. Um nun eine Aussage über die mittlere Bearbeitungszeit der Daten eines Graphen machen zu können, wird die mittlere Bearbeitungszeit t_{Bmax} der Übergangsbedingung in einem Graphen zur Berechnung herangezogen, welche die höchste Anzahl Variable in der

Booleschen Gleichung enthält. Dies geschieht aufgrund der Feststellung, daß fast alle Graphen eines Steuerprogramms, vor allem Ablaufgraphen, sich größtenteils in den Zuständen (z.B. Grundstellung) befinden, aus denen die sog. Startbedingungen (Start eines Ablaufs) wegführen, die in der Regel die umfangreichsten Gleichungen enthalten. Mit der für den Interpreter notwendigen Vorbereitungszeit t_{GV} zur Berechnung der Position der Daten eines Graphen innerhalb eines Steuerprogramms ergibt sich:

$$t_{GM} = \frac{1}{n_g} * \sum_{i=1}^{n_g} (V_{ki} * t_{Bmaxi} + t_{GV}) \qquad (3.15)$$

mit Gleichung 3.1 in 3.14 eingesetzt:

$$t_{ZM} = t_{E/A} + \sum_{i=1}^{n_g} \left(\frac{n_{bi}}{n_{zi}} * t_{Bmaxi} + t_{GV}\right) \qquad (3.16)$$

Die Abschätzung für die mittlere Bearbeitungszeit eines Steuerprogramms stellt Gleichung 3.16 dar, wobei die mittlere Bearbeitungszeit t_{Bmax} noch einer gesonderten Herleitung bedarf.

3.5.2.2 <u>Abschätzung der mittleren Bearbeitungszeit für eine Übergangsbedingung</u>

Um eine möglichst einfache Aussage über die mittlere Bearbeitungszeit einer Booleschen Gleichung machen zu können, ist zunächst die Frage zu klären, in welcher Weise die mittlere Bearbeitungszeit von der Anzahl n_v der binären Variablen in der Gleichung abhängt. Die dafür notwendige Untersuchung erfolgt getrennt für Gleichungen mit zunächst zwei binären Variablen, dann für drei usw. Für jede Variablenanzahl werden sämtliche Strukturvarianten (Klammerordnungsbäume) aller Grundstrukturen in eine Folge von Interpreteranweisungen analog zu der in <u>Bild 3.8</u> dargestellten Booleschen Gleichung abgebildet. Dabei werden die Kriterien nach Kap. 3.2 berücksichtigt.

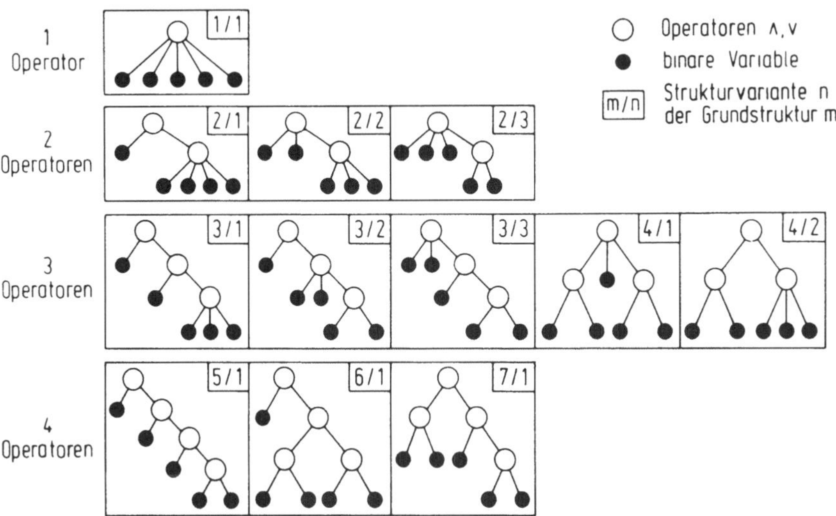

Bild 3.20: Klammerordnungsbäume für Verknüpfungen von fünf binären Variablen

Beispielhaft sind in **Bild 3.20** für eine Boolesche Gleichung mit $n_V = 5$ binären Variablen sämtliche Strukturvarianten dargestellt, es ergeben sich hierfür 12 Varianten bei 7 möglichen Grundstrukturen. Baumstrukturen, welche sich durch Vertauschen der Zweige auf bereits betrachtete Strukturen rückführen lassen, werden nicht mehrfach aufgeführt.

Die Gesamtzahl n_S aller Strukturvarianten ergibt sich aus der Summe aller Strukturvarianten jeder Grundstruktur. Nun läßt man die binären Variablen für jede Variante alle möglichen Wertekombinationen (2^{n_V}) annehmen und arbeitet die Interpreteranweisungen ab. Dabei werden für sämtliche Wertekombinationen die Anzahl der ausgeführten Logiksteueranweisungen n_{Lij} und die Anzahl der Testanweisungen n_{Tij} aufsummiert.

- 90 -

Die Mittelwerte μ_T für die mittlere Anzahl der Testanweisungen und μ_L für die mittlere Anzahl der Logiksteueranweisungen ermitteln sich aus Gl. 3.17 und 3.18:

$$\mu_T = \frac{1}{n_s * 2^{n_V}} * \sum_{i=1}^{n_s} \sum_{j=1}^{2^{n_V}} n_{Tij} \qquad (3.17)$$

$$\mu_L = \frac{1}{n_s * 2^{n_V}} * \sum_{i=1}^{n_s} \sum_{j=1}^{2^{n_V}} n_{Lij} \qquad (3.18)$$

Für Boolesche Gleichungen bis zu 11 binären Variablen zeigt die Tabelle in __Bild 3.21__ das Ergebnis dieser Untersuchung. Die Herleitung möglicher Strukturvarianten hierfür würde den Rahmen dieser Arbeit sprengen, für die nachfolgenden Abschätzungen genügen die Werte aus der Tabelle.

binäre Variable	Struktur-varianten	mittlere Anzahl Testanweisungen	mittlere Anzahl Logiksteuer-anweisungen
n_V	n_s	μ_T	μ_L
1	1	1,0000	1,0000
2	1	1,5000	1,2500
3	2	1,7500	1,5625
4	5	2,0250	2,1250
5	12	2,1458	2,3177
6	33	2,3551	2,6984
7	90	2,4548	2,8837
8	263	2,5973	3,1475
9	770	2,6789	3,2996
10	2340	2,7791	3,4853
11	7136	2,8466	3,6107

__Bild 3.21:__ Mittelwertbildung für die Bearbeitungszeitabschätzung Boolescher Gleichungen

Um eine funktionelle Abhängigkeit der mittleren Anzahl von Testanweisungen $\mu_T(n_V)$ und Logiksteueranweisungen $\mu_L(n_V)$ von der Anzahl der binären Variablen n_V zu erhalten, wird versucht, eine empirische Formel der Form

$$\mu(n_V) = a * (n_V)^b$$

für die Werte in __Bild 3.21__ aufzustellen.

Nach /40/ rektifiziert man zur Bestimmung der Koeffizienten

$$Y = \lg \mu$$
und $$X = \lg n_V$$
und erhält damit $$Y = \lg a + b * X.$$

Die lineare Abhängigkeit zwischen den rektifizierten Variablen X und Y werden mit den Werten aus der Tabelle nach der
Methode der Mittelwerte bestimmt, und man erhält als empirische Formeln:

$$\mu_T(n_V) = 1{,}24 * (n_V)^{0,35} \tag{3.19}$$
$$\mu_L(n_V) = 0{,}99 * (n_V)^{0,55} \tag{3.20}$$

Für die Abschätzung der mittleren Bearbeitungszeit $t_{\ddot{U}M}$ einer
Übergangsbedingung läßt sich folgende Gleichung formulieren:

$$t_{\ddot{U}M}(n_V) = 1{,}24 * (n_V)^{0,35} * t_{Test} + 0{,}99 * (n_V)^{0,55} * t_{Log} \tag{3.21}$$

Dabei entspricht t_{Test} der Zeit für die Ausführung einer
Testanweisung und t_{Log} der Zeit für die Ausführung einer
Logiksteueranweisung durch den Interpreter. Für die Übergangsbedingung mit der höchsten Variablenzahl n_{vmax} ergibt
sich dann die mittlere Bearbeitungszeit t_{Bmax} zu:

$$t_{Bmax} = t_{\ddot{U}M}(n_{vmax}) + t_{BV} \tag{3.22}$$

Die Vorbereitungszeit t_{BV} entspricht der Zeit zur Ermittlung
der Daten der Übergangsbedingung im Steuerprogramm. Mit den
Gleichungen 3.16, 3.21 und 3.22 ist nun die Abschätzung der
mittleren Bearbeitungszeit für einen SPS-Zyklus möglich.
Diese Abschätzung wird in Abschnitt 6.4 beispielhaft durchgeführt und mit gemessenen Werten verglichen.

4 Anforderungen an eine Programmier- und Testeinrichtung

Für die Erstellung eines Steuerprogramms mit Zustandsgraphen
ist eine Programmier- und Testeinrichtung (PuTE) notwendig,
die sich direkt an die Beschreibungsform des Entwurfsmittels
'Zustandsgraph' anlehnt.

Die einzelnen Phasen beim Entwurf eines Steuerprogramms sind
/41/:

- Gliederung der Maschine in Funktionseinheiten,
- Bildung eines Zustandsmodells für jede Funktionseinheit,
- Beschreibung mit problemorientierter Entwurfssprache,
- Umwandlung der Beschreibung in ein Steuerprogramm,
- Rückführung von Zustandsdaten für Test und Diagnose.

Die PuTE soll dem Anwender erleichtern, das mit Hilfe einer
problemorientierten Entwurfssprache (Zustandsgraphen) be-
schreibbare Zustandsmodell einer Maschine oder Anlage direkt
am Bildschirm interaktiv zu entwickeln. Dies ist dann gegeben, wenn die Beschreibungsform für die Steuerungsaufgaben
mit der Programmiersprache übereinstimmt.

Der Vorteil der strukturierten Darstellung mittels Zustandsgraphen sollte bei der Ermittlung der Bedienoberfläche der
PuTE so genutzt werden, daß damit dem Programmierer eine
schnelle Eingabe, leichte Änderbarkeit und gute Testbarkeit
seines Steuerprogramms ermöglicht wird.

4.1 Interaktive Erstellung eines Zustandsgraphen am Bild-schirm

Die Programmierung eines Zustandsgraphen orientiert sich an
einer bestimmten Reihenfolge. Nach der Festlegung der Struktur des Graphen (Bild 4.1) wird dieser mit Hilfe eines
Grafikeditors wie folgt in die PuTE eingegeben:

- Benennung und Numerierung des Graphen,
- Zeichnen und Numerieren der Zustände,
- Benennen der Zustände,
- Zeichnen der Übergangsbedingungen,
- Definieren freier Kommentare.

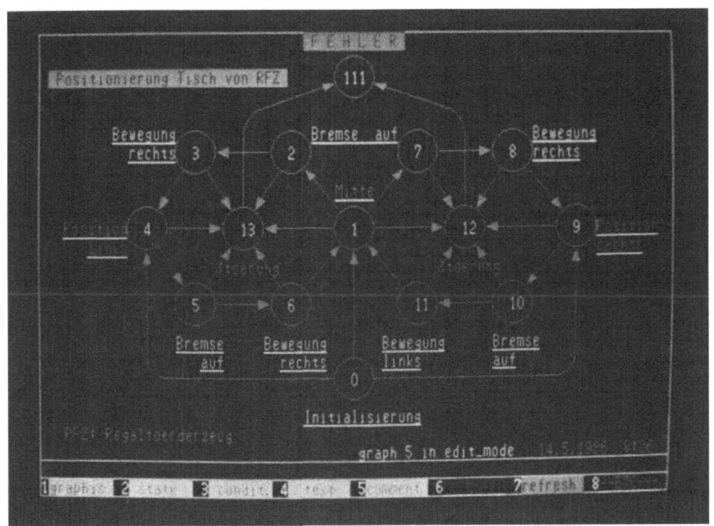

__Bild 4.1:__ Zustandsgraph zur Positionierung eines Tisches bei
einem Regalförderzeug (RFZ)

Nach der Festlegung der Graphenstruktur werden mit einem
speziell auf die Anforderungen beim Programmieren von Booleschen Gleichungen und Wertzuweisungen zugeschnittenen Texteditor die Übergangsbedingungen und Zustandsanweisungen in
die PuTE eingegeben. Die Eingabe erfolgt dabei in strenger
Anlehnung an die mit Hilfe des Grafikeditors zuvor festgelegten Struktur, d.h. der Programmierer wird bei der Eingabe
der Bedingungen und Anweisungen für diesen Graphen vom Texteditor in der Weise geführt, daß fehlerhafte Eingaben (Form-
fehler) durch den Programmierer von vornherein ausgeschlossen werden.

Da der Trend bei Bildschirmgeräten immer mehr zur Farbdarstellung geht, ist es möglich, durch farbliche Gestaltung den Informationsgehalt der Anzeige auf dem Bildschirm zu vergrößern. So ist durch Verwendung unterschiedlicher Farben in der Darstellung eines Zustandsgraphen beispielsweise erkennbar, welche Programmteile bereits programmiert wurden. Für die Inbetriebnahme- und Testfunktionen ist die Hervorhebung der aktuellen Zustände und der zu diesen Zuständen führenden Wege mittels Farbe eine zusätzliche Hilfe.

4.2 Anforderungen an die grafische Programmeingabe

4.2.1 Grafische Grundfunktionen

Für die Abbildung eines Zustandsgraphen auf dem Bildschirm, bedarf es einiger spezieller grafischer Funktionen, welche es erlauben, die Struktur in möglichst kurzer Programmierzeit eingeben zu können. Dabei ist es nicht notwendig, ein aufwendiges CAD-System auf der PuTE zu implementieren. Auch CAD-Software, wie z.B. das graphische Kernsystem GKS /42/ ist für diesen Anwendungsbereich viel zu umfangreich, denn es genügen Kombinationen weniger grafischer Grundfunktionen aus den Elementen Punkt, Gerade, Kreis und Kreisbogen:

- Darstellung eines flächendeckenden Punktrasters als Zeichenhilfe, auf dem sich ein 'Grafikcursor' in definierbaren Schrittweiten in X- und Y-Richtung bewegen kann,
- Zeichnen eines Zustandskreises mit vordefiniertem Radius,
- Zeichnen eines Pfeils oder Doppelpfeils an einen Kreis bei gegebenem Radius R, Mittelpunkt M und Punkt A bzw. B zur Festlegung der Richtung (Bild 4.2a),
- Zeichnen eines Linienzuges mit abgerundeten Ecken bei gegebenen End- bzw. Knickpunkten A, B, C und des Bogenradius R (Bild 4.2b),
- Definition von Textfeldern (frei wählbare Größe, Farbe und Attribut) durch Angabe der Diagonalenendpunkte D_1 und D_2 (Bild 4.2c).

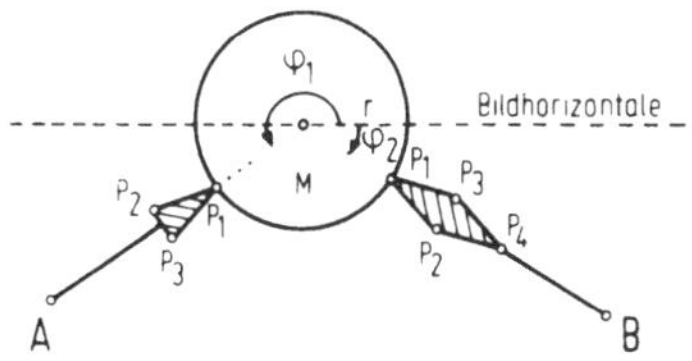

a) Pfeil und Doppelpfeil an Kreis mit Radius r

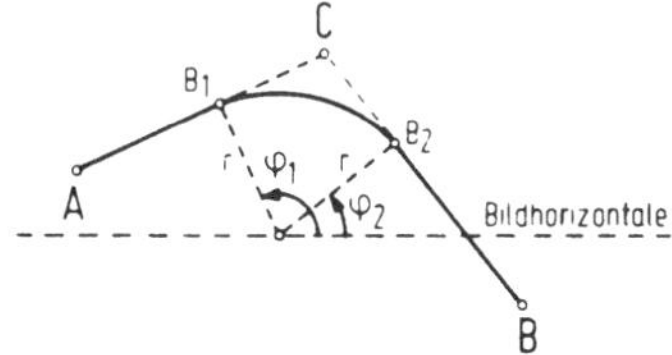

b) Verbindung zweier Geraden durch Kreisbogen

c) Textfeld für Bezeichnungen und Kommentare

Bild 4.2: Grafische Elemente zur Darstellung eines Zustandsgraphen auf dem Bildschirm

4.2.2 Grundfunktionen für Eingabe und Anzeige

Für den Entwurf eines Zustandsgraphen auf dem Bildschirm
(Beispiel **Bild 4.1**) ist es notwendig, für die Grundfunktionen 'Einfügen' bzw. 'Hinzufügen', 'Überschreiben' und
'Herausnehmen' Funktionstasten (Softkeys) und Steuertasten
zur Bewegung des Grafikcursors zur Verfügung zu stellen.

Funktionen beim Zeichnen der Zustände:

a) Einfügen oder Hinzufügen eines Zustandes an der Position
   des Grafikcursors (Mittelpunkt) mit zugehöriger Nummer,

b) Verschieben eines Zustandes (mit zugehöriger Nummer und
   Textfeld) auf dem Schirm in drei Schritten:
   - Binden des Grafikcursors an den Zustand,
   - Verschieben durch Cursorbewegung, dabei ist zu beach-
     ten, daß gleichzeitig die Übergangsbedingungen (Linien-
     züge, Pfeile) 'mitgezogen' werden, welche zu diesem Zu-
     stand zu- bzw. wegführen,
   - Lösen des Grafikcursors vom Zustand,
c) Überschreiben einer Zustandsnummer,
d) Herausnehmen eines Zustandes, alle zu- und wegführenden
   Übergangsbedingungen werden gleichzeitig mit entfernt.

Funktionen beim Zeichnen der Übergangsbedingungen:

a) Einfügen, Hinzufügen:
   - Angabe des Ausgangs- und Zielzustandes mit Hilfe des
     Cursors oder durch Eingabe der Nummern der Zustände,
   - Bestimmung der Attribute der zu zeichnenden Übergangs-
     bedingung (<u>Bild 4.3</u>):
     'direkt' : die Übergangsbedingung wird als Gerade
                 zwischen den beiden Zuständen dargestellt,
     'indirekt': die Übergangsbedingung wird über Hilfspunk-
                 te als Linienzug gezeichnet, dabei muß es
                 möglich sein, einzelne, bereits gezeichnete
                 Teilstücke jederzeit zu entfernen,
     'doppelt' : zwischen zwei Zuständen können zwei Bedin-
                 gungen in beiden Richtungen existieren; um
                 hier nicht zwei getrennte Linienzüge zeich-
                 nen zu müssen, begrenzen Doppelpfeile die
                 beiden Enden eines Linienzuges.

b) Überschreiben:
   - Mit Hilfe des Grafikcursors werden bestimmte Knick-
     punkte (vgl. <u>Bild 4.2b</u>, Punkt C) des Linienzuges fest-
     gehalten und auf dem Schirm mitgezogen, auch muß es
     möglich sein, nachträglich weitere Knickpunkte einzufü-
     gen oder zu entfernen.

c) Herausnehmen:

- Hierzu genügen Angabe der Ausgangs- und Zielzustandsnummer oder die Kennzeichnung mittels Grafikcursor.

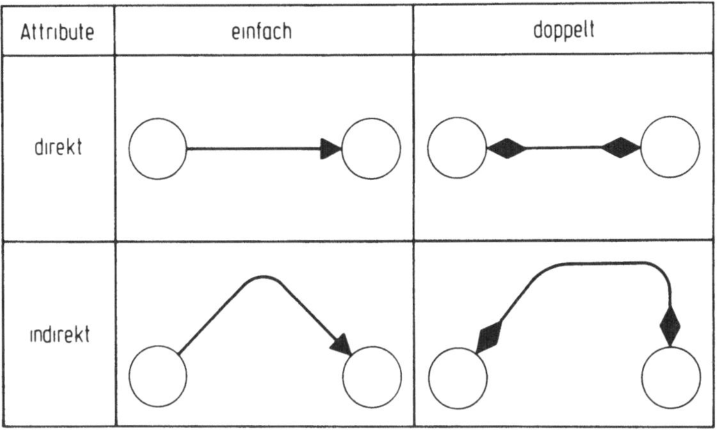

Bild 4.3: Attribute für die grafische Darstellung von Übergangsbedingungen

4.3 Anforderungen an die alphanumerische Programmeingabe

Da für ein mit Zustandsgraphen entworfenes Steuerprogramm
einer speicherprogrammierbaren Steuerung (SPS) hauptsächlich
Boolesche Gleichungen für die Übergangsbedingungen und Wertzuweisungen für die Zustandsanweisungen einzugeben sind,
empfiehlt es sich, die Bildschirmgestaltung und Editier-
funktionen entsprechend auszulegen.

Die Einteilung des Bildschirms in Fenster erlaubt die
gleichzeitige Betrachtung der momentan einzugebenden und der
zuvor abgelegten Programmteile. Ferner muß es möglich sein,
wiederkehrende Gleichungsteile (Klammerausdrücke), welche in
mehreren Übergangsbedingungen in unterschiedlichen Zustandsgraphen auftreten können, als 'Teilbedingungen' global abzu-

legen (vgl. Abschnitt 3.2.3). Dieselbe Anforderung stellt sich bei der Eingabe der Zustandsanweisungen.

4.3.1 Multieditorfunktion

Herkömmliche Texteditoren arbeiten in der Weise, daß immer nur Verarbeitungsfunktionen für eine Textdatei ausgeführt werden können. Hierzu wird diese Textdatei von einem externen Speicher in den Arbeitsspeicher des Rechners geladen und mit Verarbeitungsfunktionen geändert. Bevor nun Änderungen in einer weiteren Textdatei möglich sind, muß die geladene Textdatei zuerst wieder vollständig abgespeichert werden. Da ein Steuerprogramm mit Zustandsgraphen auf verschiedene Dateien aufgeteilt wird (für Graphenstrukturen, Übergangsbedingungen, Zustandsanweisungen etc.), sind zusätzliche Kriterien zu berücksichtigen.

Um ein schnelles Umschalten zwischen den einzelnen Textdateien zu gewährleisten, d.h. Änderungen an bestehenden Programmteilen in kurzer Zeit durchführen zu können, bedarf es daher eines 'Multieditors', welcher in der Lage ist, gleichzeitig in unterschiedlichen Dateien zu arbeiten.

Für die Programmeingabe ist eine Einteilung der Bildschirmfläche in mehrere Fenster vorteilhaft, dabei dient ein Fenster für Eingabe und Änderung, während die anderen nur zur Anzeige Verwendung finden. Die Wahl des momentanen Bearbeitungsfensters erfolgt durch Umschaltung der Editorfunktionen. Diese Einteilung ermöglicht dem Programmierer z.B. die Eingabe einer Booleschen Gleichung in dem einen Bildschirmfenster, während gleichzeitig auf dem zweiten Fenster die zugehörige Zuordnungsliste mit den symbolischen Namen zur Kontrolle abgebildet ist.

Die auf dem Bildschirm der PuTE in einem Teil der Bildfläche angezeigten Daten entsprechen dem Inhalt eines Bildfensters

BF (Bild 4.4), welches innerhalb eines im internen Speicher (RAM) der PuTE liegenden Dateifensters DF frei verschiebbar ist. Das Dateifenster repräsentiert das Abbild eines Datenblocks konstanter Länge als Ausschnitt einer Datei.

Stößt das verschiebbare Bildfenster an die Grenze des Dateifensters, so werden Daten an der angestoßenen Seite des Dateifensters nachgeladen und die Daten der anderen Seite abgespeichert, so daß das Bildfenster wieder eine Mittelposition im Dateifenster einnimmt. Die Speichergröße des Dateifensters und die Zugriffszeit auf den externen Datenspeicher bestimmen die Wartezeit beim Abspeichern und Nachladen der Daten.

Ein großes Dateifenster verringert die Häufigkeit des externen Dateizugriffs, erhöht aber gleichzeitig die Zugriffsdauer. Als günstig erweist sich dabei das Größenverhältnis Bildfenster zu Datenfenster von 1:3 sowie für das Datenfenster eine Speichergröße von 0,5...4 kbyte.

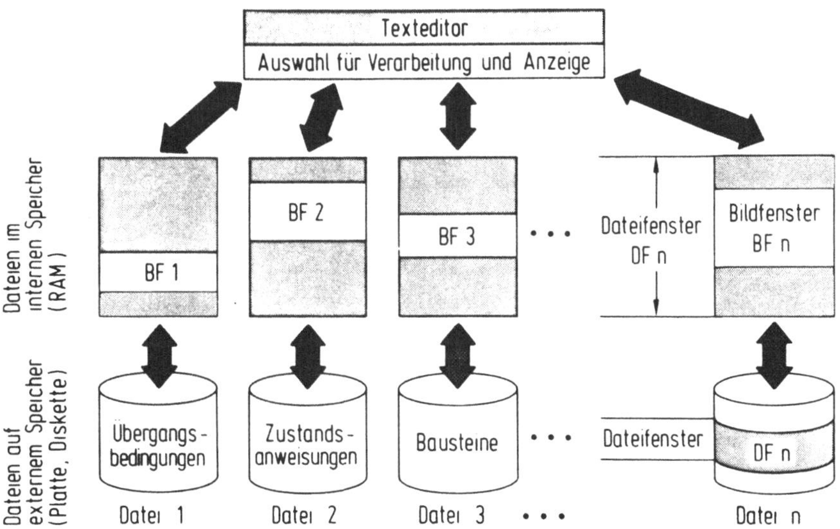

Bild 4.4: Fenstertechnik für Multieditorfunktion

4.3.2 <u>Syntaxorientierte Programmeingabe</u>

Da in den Übergangsbedingungen oft wiederkehrende Namen auftreten (z.B. die Kennzeichnungen 'state' für Zustandsvariable der Graphen, 'tim' (timer) für Zeitvariable oder 'sbc'
(subcondition) für Teilbedingungen), können diese in die
Gleichung mittels Funktionstasten als Schlüsselwörter eingegeben werden. Diese Kennzeichnung dient als hilfreiches
Unterscheidungsmerkmal, ob ein Variablenname eine binäre
Eingabe, ein Zeitwert, eine Teilbedingung o.ä. darstellt.

Als zusätzliche Hilfe bei der Abbildung einer Booleschen
Gleichung, welche bei großer Verschachtelung von Klammerausdrücken sehr unübersichtlich darzustellen ist, dient die
Verwendung eines 'Klammerzählers', um die Klammertiefe an
der momentanen Cursorposition anzuzeigen. Durch die Anzeige
von Schlüsselwörtern, Klammern und Verknüpfungs- bzw. Ver-
gleichsoperatoren in unterschiedlichen Farben wird ebenfalls
eine bessere Übersichtlichkeit erreicht.

Die Einführung einer Syntaxprüfung vor der Ablage der Gleichung in die Datei ermöglicht eine sofortige Korrektur von
formalen Fehlern bei der Eingabe. Damit wurde erreicht, daß
die Erkennung eines Syntaxfehlers nicht erst beim Übersetzungslauf erfolgte und damit ein wesentlicher Zeitverlust
bei der Programmerstellung durch erneutes Aufsuchen der
Fehlerposition mittels des Editors vermeidbar ist. Zudem ist
die Behebung eines formalen Fehlers schneller durchführbar,
solange der Programmierer die momentane Eingabe noch vor
Augen hat und durch Meldung der Fehlerart und -ort auf
diesen Fehler einen Hinweis erhält.

Für die Überprüfung der Syntax muß der Editor den formalen
Aufbau der Eingaben kennen oder einen Zugriff zu dem Parser
(Programm für Syntaxprüfung) des Übersetzers besitzen. Als
Beispiel zeigt <u>Bild 4.5</u> in der grafischen Backus-Naur-Form
/28/ die Beschreibung der Syntax einer Übergangsbedingung.

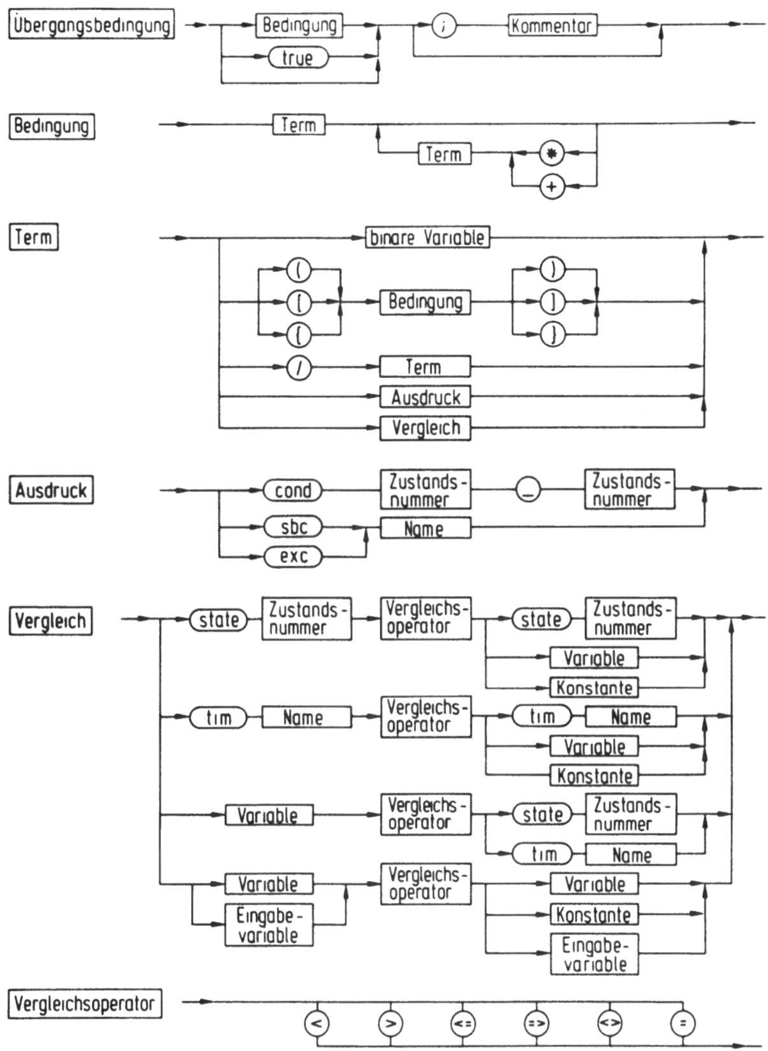

Bild 4.5: Syntax einer Übergangsbedingung

4.3.3 Kopplung Grafikeditor mit Texteditor

Die wichtigste Funktion bei der Eingabe der Gleichungen und
Anweisungen ist die Führung des Texteditors durch die zuvor
eingegebene Struktur des Graphen. Dabei werden die Übergangsbedingungen automatisch numeriert und an der richtigen
Stelle in der Textdatei eingefügt.

Eine definierte Schnittstelle zwischen Grafik- und Texteditor (Bild 4.6) dient zur Bereitstellung von komplexeren
und komfortableren Funktionen, die einfache und schnelle
Änderungen von Zustandsgraphen erlauben.

So können beispielsweise beim Löschen eines Zustandes in der
Grafik die zugehörigen Gleichungen der zu- und wegführenden
Bedingungen sowie die Zustandsanweisung dieses Zustandes
gleichzeitig mitgelöscht werden.

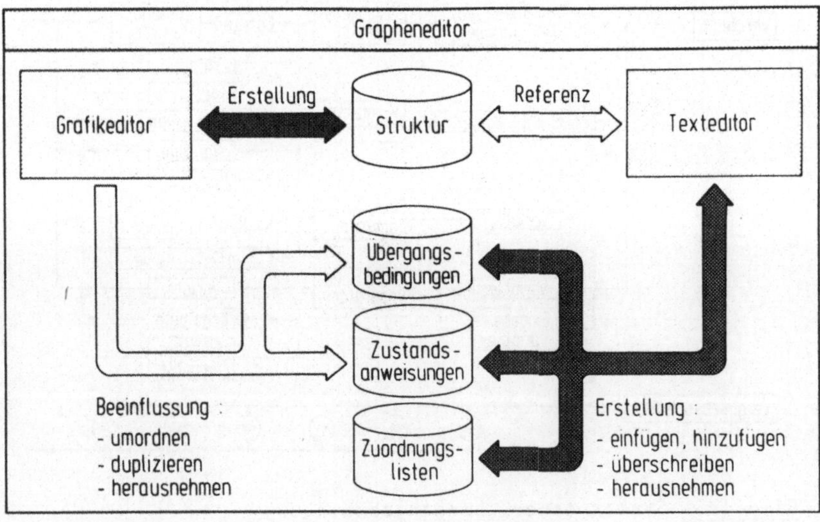

Bild 4.6: Zusammenwirken von Grafik- und Texteditor

4.4 Datenaufbau für einen Zustandsgraphen

Für die Darstellung von Zustandsgraphen auf dem Bildschirm
der PuTE durch den Grafikeditor sind Informationen notwendig, die zusätzlich zu denjenigen, die für die Erstellung
des Steuerprogramms wichtig sind, in den Quelldateien abgelegt werden müssen. Hierzu gehören vor allem die grafischen
Informationen zum Zeichnen der Zustände, Übergangsbedingungen und Textfeldern mit den zugehörigen Bezeichnungen. Diese
grafischen Informationen und die zur Führung des Texteditors
notwendigen Referenzen sind in der Quelldatei zu finden,
welche in Bild 4.6 mit 'Struktur' bezeichnet ist.

Zweckmäßigerweise wird man hierzu die Quelldatei in einzelne
Datensätze für jeden einzelnen Graphen aufteilen. Einen
solchen Datensatz zeigt Bild 4.7. Dieser Datensatz teilt
sich wiederum in drei Datenblöcke 1, 2 und 3 auf. Der Datenblock 1 beschreibt die allgemeinen Daten des Graphen und
enthält Referenzdaten für die weiteren Datenblöcke. Diese
Referenzdaten sind notwendig, damit bei komplexeren Editier-
funktionen die zusammenhängenden Datengruppen schneller
aufzufinden sind. Damit soll verhindert werden, daß durch
langwierige Suchalgorithmen wertvolle Programmierzeit verloren geht.

Die Referenzdaten des Datenblocks 1 enthalten Querverweise
zu den Daten für jeweils einen Zustand des Graphen (Datenblock 2) und zu den in Bild 4.7 nicht enthaltenen Datenblöcke für die Übergangsbedingungen und Zustandsanweisungen
(hierfür sind jedoch in Datenblock 2 detailliertere Querverweise notwendig).

Der Datenblock 2 enthält die Grafik- und Referenzdaten für
jeden einzelnen Zustand des Graphen. Vereinfachend sind in
Bild 4.7 nur die Daten eines einzigen Zustandes aufgeführt.
Die Grafikdaten beinhalten die Bezeichnung und Nummer des
Zustandes sowie geometrische und farbliche Informationen.

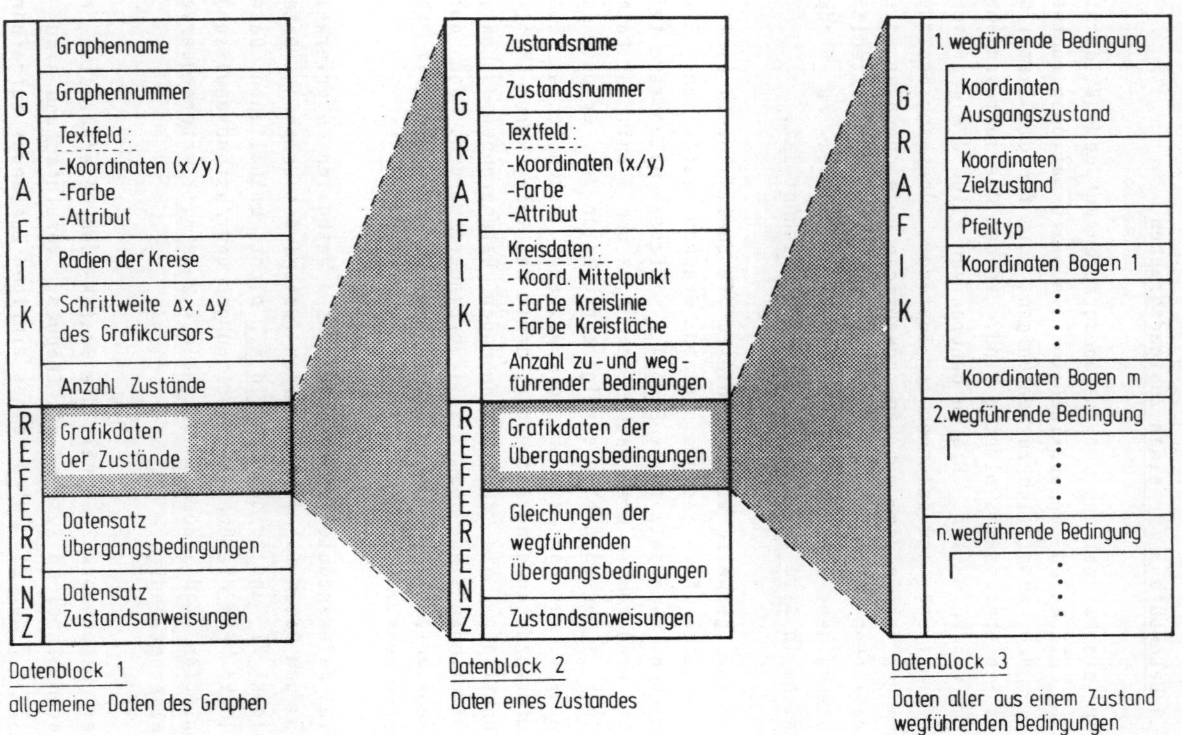

Bild 4.7: Datensatz 'Grafik und Referenz' für einen Graphen

Die Referenzdaten beschreiben die Verkettung der Zustände durch Übergangsbedingungen, sowohl für die Geometrie der Linienzüge bei der grafischen Darstellung (Referenz in Datenblock 3), als auch zur Führung des Texteditors zur Organisation der Datensätze für die Booleschen Gleichungen der Übergangsbedingungen und für die Zustandsanweisungen (vgl. <u>Bild 4.6</u>).

Die Informationen für die grafische Darstellung der Übergangsbedingungen sind im Datenblock 3 enthalten. Jede Übergangsbedingung wird durch die Koordinatenpaare (x/y) des Ausgangs- und Zielzustandes und der Knickpunkte für die Bogen beschrieben. Die Angabe eines Pfeiltyps entscheidet über die Darstellung eines einfachen Pfeiles oder eines Doppelpfeiles.

Zusammenfassend kann festgehalten werden, daß ein gut strukturierter Aufbau der Quelldateien eines Steuerprogramms die Grundlage für eine schnelle Programmeingabe und für eine leichte Änderbarkeit bildet. Der blockweise Aufbau der Daten ermöglicht die gruppenweise Behandlung zusammengehörender Daten durch verschiedene Verarbeitungsfunktionen (Graphen duplizieren, Zustände löschen, etc.). Die Integration von Referenzen in die Datenblöcke erlaubt den schnellen Zugriff auf inhaltlich zusammenhängende Datengruppen in verschiedenen Datenblöcken.

Das wichtigste Ergebnis bildet die Führung des Texteditors durch die zuvor mit dem Grafikeditor erstellte Quelldatei 'Struktur'. Dadurch wird dem Programmierer bei der Programmeingabe eine zusätzliche Hilfestellung für das Einfügen, Überschreiben und Löschen von Übergangsbedingungen und Zustandsanweisungen gegeben.

5 Inbetriebnahmehilfen für Steuerprogramme auf Basis von Zustandsgraphen

Die Hilfsmittel für Inbetriebnahme und Test von Steuerprogrammen für SPS auf Basis von Zustandsgraphen müssen sich direkt an die Beschreibungsform der problemorientierten Eingabesprache anlehnen können. Dies ist notwendig, um bei der Fehlersuche eine systematische Vorgehensweise auf der Ebene dieser Eingabesprache zu erhalten. Die Reihenfolge der Inbetriebnahme von Teilfunktionen einer Anlage orientiert sich dabei streng an der hierarchischen Struktur des mit Hilfe von Zustandsgraphen entworfenen Steuerprogramms.

So erlaubt die modulare Beschreibung der einzelnen Baugruppen der Anlage durch Zustandsgraphen unabhängige Tests der einzelnen Elementarbaugruppen (EG), Funktionsgruppen (FG) und Systemgruppen (SG).

Bei der Inbetriebnahme einer Anlage treten unterschiedliche Probleme beim Test des Steuerprogramms durch noch unentdeckte Fehler auf, deren Ursachen zum einen außerhalb der Steuerung (falsche Anschlüsse, defekte Geber etc.) und zum anderen innerhalb der Steuerung (fehlerhaftes Programm, defekte Bauelemente) zu suchen sind.

Zur Fehlerbeseitigung sollten dem Programmierer Testhilfsmittel zur Verfügung stehen, mit denen er ihre Lokalisierung und Beseitigung systematisch und schnell durchführen kann.

Die zustandsorientierte Beschreibung der Steuerungsaufgaben bietet geeignete Strategien für die Fehlersuche, falls der Programmierer die Anforderungen an die Art und Weise der Programmgestaltung mit Zustandsgraphen berücksichtigt. So können schon beim Entwurf des Steuerprogramms vorbeugende Maßnahmen zum leichten Auffinden von Fehlern durch eine konsequente Einhaltung gewisser Programmierregeln und Richtlinien getroffen werden.

5.1 **Programmiermethodik**

Zur Verdeutlichung der Entwurfssprache in enger Verbindung
mit dem Programmtest zeigt <u>Bild 5.1</u> als Beispiel die Darstellung eines Spannplatzes einer Maschine mit Paletten-
dreheinrichtung durch Zustandsgraphen. Die Basisgraphen
bestehen aus den Elementarbaugruppen Hubzylinder (EG 2) zum
Anheben der Palette und Dreheinrichtung (EG 3) zur Drehung
der Palette um 90°.

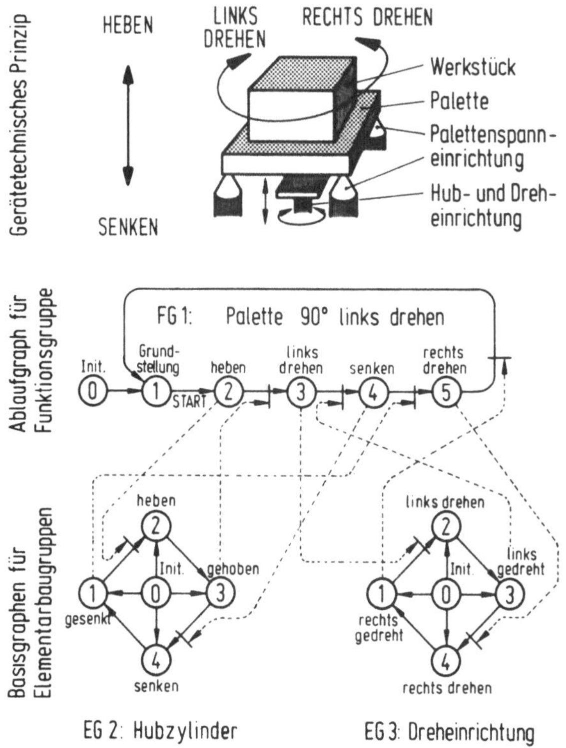

<u>Bild 5.1:</u> Spannplatz mit Palettendreheinrichtung /22/

Die funktionelle Synchronisation der Elementarbaugruppen bei
der Drehung der Palette um 90° nach links wird durch die

Funktionsgruppe FG 1 beschrieben. Weitere Funktionsgruppen könnten hier ebenfalls auf dieselben Elementarbaugruppen (EG 2, EG 3) zugreifen (z.B. 'Palette rechts drehen') und damit einen anderen funktionellen Ablauf bewirken.

Die momentan aktuellen Zustände der Graphen werden mit den Zustandsvariablen beschrieben. Eine Synchronisierung der einzelnen Graphen untereinander darf nur über diese Zustandsvariablen erfolgen, um unübersichtliche Kopplungen der Elementarbaugruppen, Funktionsgruppen und Systemgruppen zu vermeiden (vgl. Kap. 3.4.4).

Ferner muß beachtet werden, daß bei den Graphen, welche die Funktions- und Systemgruppen beschreiben, in den Übergangsbedingungen nach Möglichkeit keine Gebersignale abgefragt und mit den Zustandsanweisungen keine Stellsignale ausgegeben werden. Damit erreicht man eine wesentliche Entkopplung der die Elementarbaugruppen einer Anlage beschreibenden Graphen (Basisgraphen) von denen, die für den funktionellen Ablauf verantwortlich sind (Ablaufgraphen). So kann nach dem Entwurf der Graphen für die Elementarbaugruppen der Test der Einzelelemente der Anlage unabhängig voneinander durchgeführt werden (Funktionsfähigkeit der Geber, Stellglieder, Mechanik etc.).

In den Basisgraphen, welche die Elementarbaugruppen beschreiben, sind die logischen Verknüpfungen möglichst so zu formulieren, daß die in einem dieser Graphen abgefragten Gebersignale (z.B. Hubzylinder gehoben/gesenkt) in Übergangsbedingungen anderer Graphen nicht nochmals mit verknüpft werden. Dadurch wird vermieden, daß ein defekter Geber unterschiedliche Programmreaktionen hervorrufen kann, da sich dann die Auswirkungen im allgemeinen auf die jeweilige Funktionseinheit beschränken, und man auf diese Weise Methoden zur automatischen Fehlererkennung /2/ während des Betriebs anwenden kann.

5.2 **Testfunktionen**

Für die Auswahl der Testfunktionen bei der Inbetriebnahme sind die möglichen Fehlerarten bzw. ihre Ursachen und ihre Auswirkungen zu betrachten.

Fehler, die aufgrund defekter Steuerungshardware (Prozessor, Speicher, E/A-Baugruppen) auftreten, sind eine Gruppe von steuerungsinternen Fehlern und können durch schaltungs- und programmtechnische Vorkehrungen nach bestimmten Erkennungskriterien lokalisiert werden /43/. Zu den steuerungsinternen Fehlern können auch die Fehler gezählt werden, welche aufgrund eines unkorrekten Steuerprogramms entstehen.

Das Auftreten steuerungsexterner Fehler und ihre Auswirkungen während des Betriebs von Produktionsanlagen und Fertigungseinrichtungen wurde in /2/ detailliert untersucht. Diese Untersuchungen beruhen auf der Voraussetzung eines fehlerfreien Steuerprogramms und einer funktionsfähigen Anlage, so daß dabei nur Fehler aufgrund von Verschleiß und Defekten von mechanischen und elektrischen Komponenten in Betracht gezogen wurden.

Bei der Inbetriebnahme und für den Test von neu erstellten Anlagen müssen jedoch zusätzliche Fehlerquellen untersucht werden. Diese Fehler können sowohl auf mechanischen Ursachen beruhen, wie noch nicht justierte Geber und Nocken, fehlende oder unzureichende Energiezufuhr mittels Druckluft oder Hydraulik, verklemmte Mechanik usw., als auch elektrischen Ursprungs sein, wie vertauschte oder nicht angeschlossene Signalleitungen, fehlende Stromversorgung oder falsche Signal- oder Stellglieder.

Die Vielzahl von Fehlerursachen und ihrer Kombinationen bei gleichzeitigem Auftreten bewirken unterschiedliche Reaktionen der Steuerung und damit unkontrollierte Auswirkungen für die inbetriebzunehmende Anlage. Bei Fehlerkombinationen

ist es schwierig, aufgrund der Auswirkungen die Einzelur-
sachen zu lokalisieren. Durch stufenweise Inbetriebnahme von
kleinen untereinander unabhängigen Baugruppen einer Anlage
wird die Wahrscheinlichkeit für das Auftreten von Fehlerkombinationen vermindert.

Maßnahmen zum systematischen Auffinden von Einzelfehlern
bestehen zunächst darin, die Fehlerauswirkungen zu analy-
sieren, um damit Rückschlüsse auf ihren Entstehungsort zie-
hen zu können.

Um bei der Inbetriebnahme von Steuerprogrammen mit Zustandsgraphen wirksame Testhilfen zu erhalten, ist zu ermitteln,
welche Auswirkungen steuerungsexterne Fehler und Programmierfehler auf die Basis- und Ablaufgraphen haben. Für die
nachfolgenden Betrachtungen wird eine funktionsfähige und
fehlerfreie Steuerungshardware mit den zugehörigen Systemprogrammen vorausgesetzt.

5.2.1 <u>Inbetriebnahme der Elementarbaugruppen</u>

Zur Ermittlung der notwendigen Testfunktionen für die Inbetriebnahme der mit den Basisgraphen beschriebenen Elementarbaugruppen genügt die Betrachtung der Fehler, welche an
steuerungsexternen Bauelementen (Geber, Stellglieder und
Mechanik) auftreten können, und der Fehler, die durch ein
unkorrektes Steuerprogramm entstehen.

Programmierfehler können sowohl in den Strukturabbildern der
Graphen, als auch in den mit Booleschen Gleichungen beschriebenen Übergangsbedingungen und in den Zustandsanweisungen (nach Zustandsübergängen auszuführende Aktionen) enthalten sein.

Um beispielhaft eine Fehlermöglichkeit darzustellen, wird
angenommen, der Basisgraph für die Elementarbaugruppe EG 2
(<u>Bild 5.2</u>) befindet sich dauernd im Zustand 2 (heben).

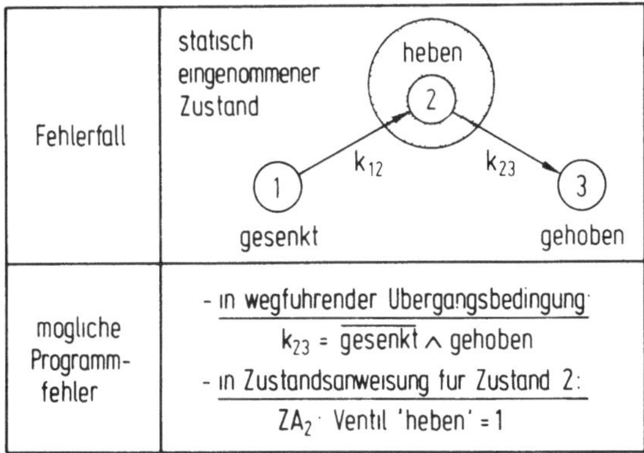

Bild 5.2: Statische Fehlerauswirkung innerhalb eines Basisgraphen

Es können die zwei wesentlichen Fälle unterschieden werden:

a) Hubzylinder hat sich nicht bewegt, weil:
   - Ventil 'Hubzylinder heben' nicht beaufschlagt (Kabel-
     bruch, falscher Anschluß, Ausgabebaugruppe defekt oder
     die Mechanik klemmt),
   - Zustandsanweisung für Zustand 2 falsch programmiert.

b) Hubzylinder hat sich bewegt und Zustandswechsel auf Zu-
   stand 3 ist nicht erfolgt, weil:
   - Gebersignal 'Hubzylinder gehoben' nicht vorhanden (Ge-
     ber oder Eingabebaugruppe defekt, Kabelbruch),
   - Übergangsbedingung von Zustand 2 nach 3 falsch program-
     miert.

Um 'statische' Fehler aufzufinden, d.h. Fehler, bei deren
Auftreten die Basisgraphen einen permanenten Zustand einnehmen, genügt im allgemeinen die Anzeige der Eingaben, Ausga-

ben (E/A-Abbild) und die Anzeige der Zustände der Graphen.
Ein direkter Vergleich dieser angezeigten Werte mit den
tatsächlich eingenommenen Zuständen der Elementarbaugruppen
der Anlage (Wirkung) liefert zusätzliche Hinweise zur Ein-
grenzung und Lokalisierung der Fehlerursache innerhalb und
außerhalb der Steuerung (<u>Bild 5.3</u>).

E/A - Abbild		Wirkung	Ursache	
Geber 'gehoben'	Ventil 'heben'	Hubeinrichtung (0 gesenkt 1 gehoben)	steuerungsintern	steuerungsextern
0	0	0	ZA_2 mit Fehler (Ventil nicht angesteuert)	—
0	0	1	ZA_2 mit Fehler (Ventil nicht angesteuert)	VH dauernd beaufschlagt (falscher Anschluß)
0	1	0	—	VH falsch angeschlossen oder defekt, Mechanik klemmt
0	1	1	Geberabfrage falsch in Bedingung k_{23}	defekter Geber 'gehoben'
1	*	*	Geberabfrage falsch in Bedingung k_{23}	—

* beliebig

ZA_2 Zustandsanweisung für Zustand 2
VH Ventil 'heben'

<u>Bild 5.3:</u> Eingrenzung der Ursachen für einen statischen
Fehlerzustand

5.2.2 <u>Inbetriebnahme der Funktions- und Systemgruppen</u>

Bei der zeitlichen Verkettung der Basisgraphen mit Ablaufgraphen sowie der Ablaufgraphen untereinander genügt die
Überprüfung der Zustände und der Ein-/Ausgaben nicht, um
mögliche Fehler zu entdecken. Die Inbetriebnahme der Ablaufgraphen setzt allerdings eine korrekte Funktion der durch
die Basisgraphen gesteuerten Elementarbaugruppen voraus
(d.h. es sollten möglichst alle steuerungsexternen Fehler
beseitigt sein).

Folgende Fehlerarten können auftreten:

- Verriegelungsbedingungen fehlen,
- falsche Abläufe sind programmiert.

Insbesondere bei der Inbetriebnahme von parallelen Abläufen kann das menschliche Auge beim Test den gleichzeitigen Bewegungsvorgängen an räumlich getrennten Stellen der Anlage nicht mehr folgen. Es können aber auch einmalige, nicht zulässige Konstellationen auftreten, welche nur unter Schwierigkeiten zu rekonstruieren bzw. zu Testzwecken wiederholbar sind.

Hierzu ist als Testhilfe eine 'Trace'-Funktion notwendig, um einzelne zeitliche Abläufe nachvollziehen zu können. Dabei müssen der Zeitpunkt einer Zustandsänderung, die Nummer des zugehörigen Graphen und der Zielzustand zwischengespeichert werden. Die Aktualisierung der 'Trace'-Tabelle wird automatisch vom Grapheninterpreter, auch während des regulären Betriebs, durchgeführt (Bild 5.4), damit jederzeit im Fehlerfalle Rückschlüsse auf die Ursache möglich sind.

Der Umfang des 'Trace'-Zwischenspeichers richtet sich ungefähr nach der durchschnittlichen Gesamtanzahl der Zustandsänderungen pro Zeiteinheit. Im allgemeinen genügt die Zwischenspeicherung von ca. 100 Zustandsänderungen, um die Historie eines 'dynamischen' Fehlers aufzeichnen zu können.

Beispielhaft wird angenommen (Bild 5.5), daß in der Funktionsgruppe FG 1 die Übergangsbedingung von Zustand 2 nach 3 aufgrund eines Programmierfehlers immer 'wahr' ist. Dies würde bedeuten, daß nach der erfüllten Startbedingung der Hubzylinder in den Zustand 'heben' gelangt und ohne Rückmeldung des abgeschlossenen Bewegungsvorgangs in FG 1 der Zustand 3 (links drehen) eingenommen und die Drehbewegung angestoßen wird.

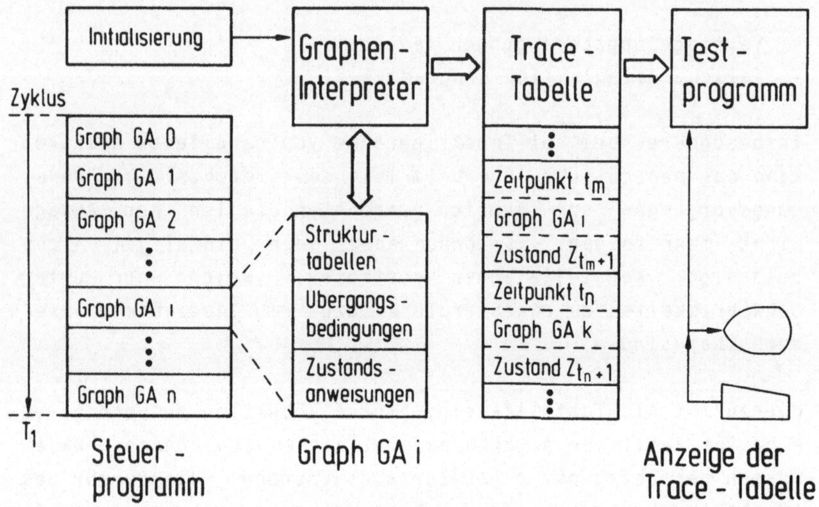

Bild 5.4: Erweiterung des Grapheninterpreters zur Fehlersuche mit Hilfe abgespeicherter Geschichtsdaten
(gezeigt für Graphen des Zyklus A)

Dieser Fehler würde also ein gleichzeitiges 'Heben' und
'Drehen' der Palette und damit ein mechanisches Verklemmen
der Palette in der Spanneinrichtung zur Folge haben, bevor
sie aus dieser Spanneinrichtung gehoben wurde.

Aus der 'Trace'-Tabelle 1 in **Bild 5.6** ist der zeitliche
Ablauf der Zustandsänderungen im Fehlerfalle im direkten
Vergleich mit dem korrekten Ablauf in Tabelle 2 bei einem
Bearbeitungsintervall (Zyklus) von 10 ms ersichtlich.

Um solche und kompliziertere Fehlerfälle noch besser ein-
grenzen zu können, ist es sinnvoll, den 'Trace' zu vordefi-
nierten Zeitpunkten auslösen (triggern) zu können.

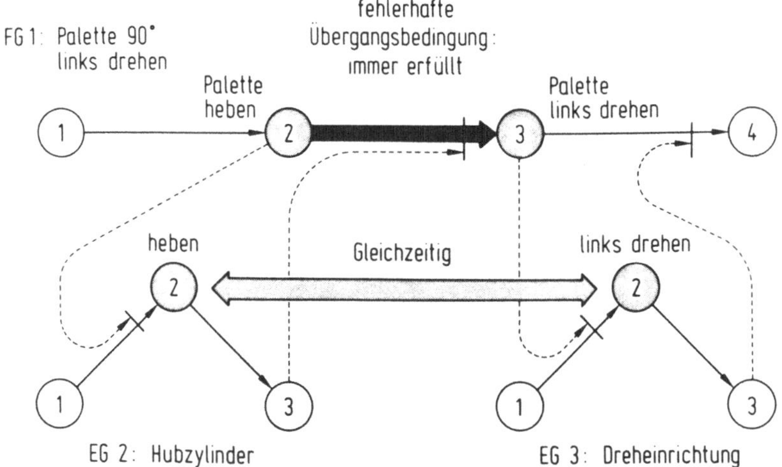

Bild 5.5: Dynamische Fehlerauswirkung in einem Ablaufgraphen

abs Zeit (ms)	Graph	Zustands-nummer	Zustand
⋮	⋮	⋮	⋮
- 10	FG 1	2	Palette heben
- 10	EG 2	2	Hubzyl heben
0	FG 1	3	Palette links
0	EG 3	2	links drehen
1000	EG 3	3	links gedreht
1010	FG 1	4	Palette senken
1190	EG 2	3	Hubzyl gehoben
1200	EG 2	4	Hubzyl senken
⋮	⋮	⋮	⋮

Tabelle 1: fehlerhafter Ablauf

abs. Zeit (ms)	Graph	Zustands-nummer	Zustand
⋮	⋮	⋮	⋮
-1200	FG 1	2	Palette heben
-1200	EG 2	2	Hubzyl heben
0	EG 2	3	Hubzyl gehoben
10	FG 1	3	Palette links
10	EG 3	2	links drehen
1010	EG 3	3	links gedreht
1020	FG 1	4	Palette senken
1020	EG 2	4	Hubzyl. senken
⋮	⋮	⋮	⋮

Tabelle 2: korrekter Ablauf

Bild 5.6: Darstellung dynamischer Fehler in zeitlichen Folgen von Zustandsänderungen (Trace)

5.3 **Verbesserung der Testmöglichkeiten durch triggerbare Tracefunktion**

Bei einem fehlerbehafteten Programmablauf ist zur Lokalisierung des dafür verantwortlichen Fehlers die Reproduzierbarkeit dieses Ablaufs von entscheidender Bedeutung. Sporadische Fehler oder Fehler, welche nur bei bestimmten Konstellationen innerhalb eines Prozesses auftreten, erschweren die Wiederholbarkeit bei gleicher Fehlerauswirkung. Es müssen aber Bedingungen formulierbar sein, um den Zeitpunkt zu ermitteln, zu welchem der fehlerbehaftete Programmablauf bei einer versuchten Wiederholung voraussichtlich wieder eintritt. Die ergänzende Anzeige von Zuständen ausgesuchter Prozeßsignale in zeitlicher Folge im Bereich dieses Zeitpunktes tragen ebenfalls zum Auffinden des Fehlers bei.

Die Triggerbedingungen erlauben die Definition eines Zeitpunktes, bei welchem eine ausgewählte Anzahl von Prozeßsignalen in einem Zeitfenster festgehalten und angezeigt werden. Das Eintreffen dieses Zeitpunktes wird Triggerereignis genannt. Die Lage des Zeitfensters bezüglich des Triggerereignisses sollte so gewählt werden können, daß eine Anzeige der Signalzustände, wie sie vor, während und nach dessen Auftreten bestanden, erfolgen kann.

Die Verwendung mehrerer Triggerbedingungen erlaubt die Beschreibung einer Reihe von Vorbedingungen, welche auf ein zu überprüfendes Ereignis in Abhängigkeit einer zeitlichen Folge dieser Bedingungen hinführen. Mit dieser Maßnahme kann eine vorzeitige Triggerung vermieden werden. So könnte eine Triggerbedingung lauten:

Wenn   Triggerbedingung 1,   (z.B.:   Zustand FG 1 = 2
                                                und Zustand EG 3 = 1)
dann wenn Triggerbedingung 2,   (z.B.: Geber 'gehoben' = 1)

dann wenn ... , usw.

In diesem Beispiel verhindert die Triggerbedingung 1 eine vorzeitige Triggerung für den Fall, wenn vor Erfüllung dieser Bedingung der Geber 'gehoben' anspricht.

Mit den Traceanweisungen werden zusätzlich zu den Zustandsänderungen die Signalzustände von Ein-/Ausgabevariablen und internen Variablen (vgl. _Bild 3.17_: Zählervariable, Hilfsvariable, Übergabevariable etc.) in einen Tracespeicher in frei auswählbaren Kombinationen eingetragen. Die im Tracespeicher enthaltenen Informationen (Tracedaten) können in unterschiedlichen Darstellungsformen wie Tabellen und Zeitdiagrammen angezeigt werden.

Der formale Aufbau der Triggerbedingungen erfolgt in derselben Weise, wie bei den logischen Gleichungen der Übergangsbedingungen (vgl. Kap. 3.2). Auch die Traceanweisungen lassen sich analog zu den Zustandsanweisungen erstellen (vgl. Kap. 3.3). Aufgrund dieser Eigenschaft können in der Programmier- und Testeinrichtung dieselben Algorithmen für die Bedienung der Tracefunktion und für die Umsetzung der Triggerbedingungen und Traceanweisungen in die Form von prozessorunabhängigen Daten angewandt werden. Damit sind auch in der Steuerung die vorhandenen Interpretationsalgorithmen für die Auswertung der Triggerbedingungen und zur Ausführung der Traceanweisungen verwendbar.

Der Grapheninterpreter (_Bild 5.7_) prüft am Beginn eines jeden Zyklus die aktuelle Triggerbedingung. Ist die Triggerbedingung erfüllt, so wird bei Vorhandensein weiterer Triggerbedingungen auf die folgende Triggerbedingung weitergeschaltet, welche sofort und in allen weiteren Zyklen geprüft wird. Folgt keine weitere Bedingung, so werden die im momentan angewählten Tracespeicher enthaltenen Tracedaten festgehalten. Das Festhalten erfolgt dann zu dem Zeitpunkt, welcher durch die Lage des Zeitfensters zum Triggerereignis bestimmt wird. Danach wird für die Aufnahme weiterer Tracedaten auf den zweiten Tracespeicher umgeschaltet.

Die Traceanweisungen werden ebenfalls zu Beginn eines jeden
Zyklus interpretativ abgearbeitet und führen zu Eintragungen
der gewünschten Informationen in den angewählten Tracespeicher. In Abschnitt 6.5 wird auf die Erstellung und Ausgabe von Tracefunktionen in aufbereiteter grafischer Darstellung noch näher eingegangen.

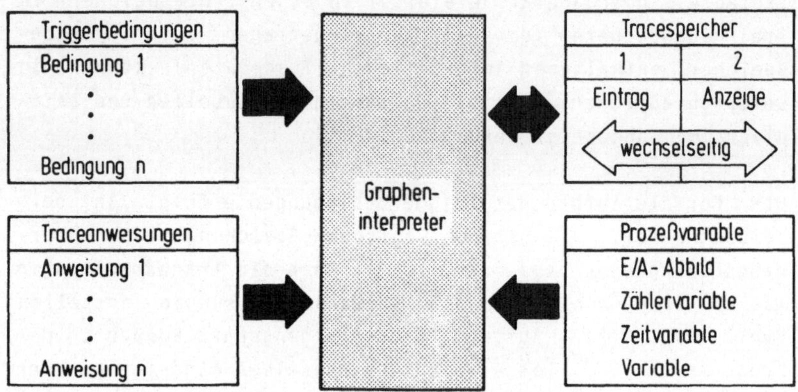

Bild 5.7: Einbindung der triggerbaren Tracefunktion

6 Realisierung eines Steuerungssystems

6.1 Gesamtsystem

Die Darstellung eines Steuerprogramms mit einer prozessorunabhängigen Datenstruktur bildet die gemeinsame Datenbasis sowohl für die Programmier- und Testeinrichtung als auch für die Steuerung. <u>Bild 6.1</u> zeigt das Gesamtsystem, das aus der PuTE und der SPS mit den zugehörigen Systemprogrammen besteht.

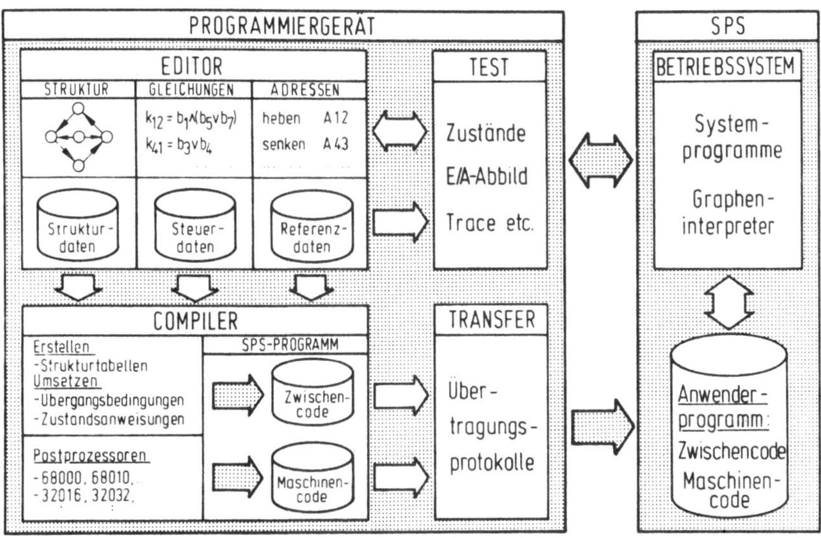

<u>Bild 6.1:</u> Programmiersystem für Steuerprogramme mit Zustandsgraphen

Die Programmeingabe erfolgt mit Hilfe eines Editors, welcher die eingegebenen Informationen in drei unterschiedlichen Dateien ablegt. Die erste Datei enthält Informationen über die Struktur des gesamten Steuerprogramms und die Strukturen der einzelnen Zustandsgraphen. Die zweite Datei beinhaltet die eigentlichen Steuerdaten in Form von Booleschen Gleichungen und Anweisungen. Für die Verwendung symbolischer

Namen für Prozeß- und Programmvariable werden die Variablen-
und Typvereinbarungen in der Referenzdatei abgelegt.

Ein Compiler (vgl. Kap. 2.3) erzeugt aus den Quellprogramm-
dateien einen Zwischencode, welcher mittels eines Transfer-
programms in die Steuerung übertragen werden kann. Der auf
der Steuerung implementierte Grapheninterpreter ist in der
Lage, diesen Zwischencode interpretativ abzuarbeiten. Es ist
jedoch ohne weiteres möglich, mit Hilfe von Postprozessoren
die in Form von Interpreteranweisungsfolgen im Zwischencode
dargestellten Übergangsbedingungen und Zustandsanweisungen
für den auf der Zielsteuerung eingesetzten Mikroprozessor in
Maschinencode zu übersetzen. Die Strukturtabellen werden
dabei nicht beeinflußt.

Der Grapheninterpreter in der Steuerung interpretiert prinzipiell die Strukturtabellen, es kann lediglich mittels
einer Umschaltung der Arbeitsweise des Interpreters ent-
schieden werden, ob die Übergangsbedingungen und Zustandsanweisungen interpretiert oder als Unterprogrammaufrufe
direkt vom Prozessor der Steuerung abgearbeitet werden.

Untersuchungen zeigten, daß sich durch die Übersetzung in
Maschinencode ungefähr eine Halbierung der Bearbeitungszeit
ergibt. Grundlage hierfür waren Programmvergleiche auf der
Basis des Prozessors 68000 stellvertretend für andere 16-
bit-Mikroprozessoren. 16-bit-Prozessoren verfügen gegenüber
8-bit-Prozessoren über einen umfangreicheren Befehlsvorrat
mit geeigneteren Adressierungsarten für die Programmierung
effizienter Interpreteralgorithmen.

Ein Testprogramm erlaubt mittels direkter Kopplung von Programmiergerät und Steuerung im Dialog mit dem Grapheninterpreter den Transfer von Informationen, welche bei der Inbetriebnahme für die Fehlerlokalisierung wichtig sind. In
Verbindung mit den Editorfunktionen unter Zuhilfenahme der
Quelldateien ist ein Programmtest auf der Ebene der symboli-

schen Eingabesprache möglich. Die Darstellung von Zustands-
und Ein-/Ausgabeabbilder, sowie von dynamischen Abläufen
mittels der Tracefunktion verbessert die Testmöglichkeiten
(vgl. Kap.5).

6.2 Grenzen der Darstellungsmöglichkeiten bei der Programm-eingabe

Eine Rationalisierung bei der Programmerstellung wird erreicht durch die Verwendung wirkungsvoller Bedienfunktionen
bei der Eingabe der einzelnen Programmteile. Durch eine
übersichtliche und anschauliche Darstellung der eingegebenen
Informationen und dem Einsatz einer Menütechnik erreicht man
eine klare Gliederung.

Die Darstellung der Informationen und der für die Gesamt-
übersicht über das Programm notwendigen Zusammenhänge ist
durch die Abmessungen des Bildschirms als Anzeigeelement
begrenzt. Es gibt jedoch Verfahren, nur einen Bildausschnitt
auf dem Bildschirm darzustellen, mittels Bedientasten kann
dieser Ausschnitt auf der gesamten Darstellung verschoben
werden. Die Verwendung des variablen Bildschirmformates
gestattet die Gestaltung beliebig langer und breiter Darstellungen /44/. Ein wesentlicher Nachteil ist jedoch, daß
die gesamten Bildinformationen im Arbeitsspeicher gehalten
werden müssen, um ein schnelles Verschieben des Bildaus-
schnittes zu gewährleisten.

Beim Einsatz grafischer Darstellungen benötigt man je nach
Auflösung des Grafikschirms einen großen Speicherbedarf
sowie schnelle Umspeicherprogramme. So wird z.B. bei einer
Farbgrafikdarstellung mit 8 Farben für eine Bildschirmfläche, bei einer Auflösung von 640 mal 400 Pixeln, ein
Speicher von 96 kbyte benötigt. Die Verschiebemöglichkeit um
jeweils eine Bildschirmseite in allen Richtungen erfordert
demzufolge fast 1 Mbyte Speicherplatz. Dies widerspricht der
Forderung nach einer kostengünstigen Programmiereinrichtung.

Durch die Gliederung eines Steuerprogramms in kleine Funktionseinheiten ist eine Bildschirmseite für die grafische Darstellung eines Zustandsgraphen vollkommen ausreichend. Die Erfahrung zeigt, daß bei der Erstellung von Steuerprogrammen im allgemeinen Zustandsgraphen mit 5 bis 16 Zuständen eingesetzt werden, in seltenen Fällen werden komplexere Graphen benötigt. Diese lassen sich jedoch mit geeigneten Maßnahmen in mehrere Graphen zerlegen.

Für die Programmierung des Steuerprogramms werden bei der grafischen Erstellung für einen Graphen maximal 128 Zustände zugelassen und aus jedem Zustand können bis zu 16 Übergangsbedingungen in andere Zustände wegführen. Bild 6.2 zeigt die am Bildschirm interaktiv eingegebene Struktur eines beispielhaften Zustandsgraphen. An Zustände gebundene und freie Kommentare erhöhen die Verständlichkeit.

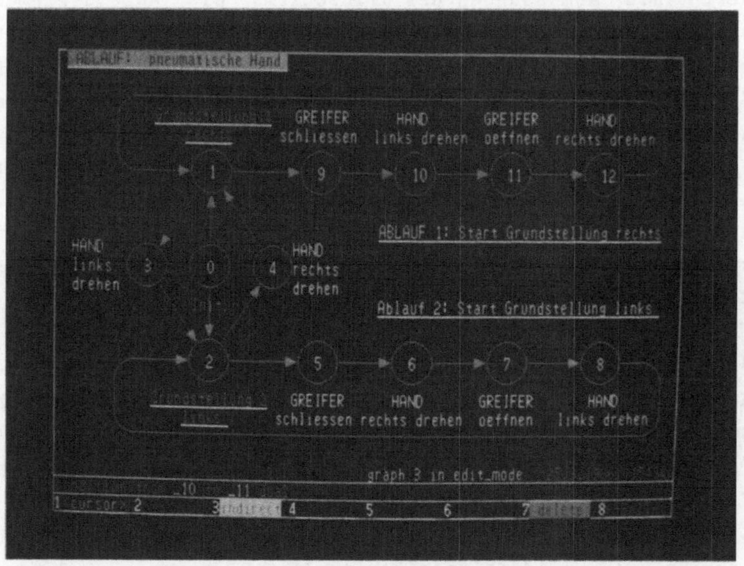

Bild 6.2: Interaktiv erstellter Zustandsgraph

Bei der Eingabe der logischen Gleichungen der Übergangsbedingungen ist die Bildschirmfläche in mehrere Fenster aufgeteilt (Bild 6.3). So kann der Programmierer gleichzeitig bei
der Eingabe für ihn wichtige Zusatzinformationen auf dem
Schirm angezeigt bekommen. Dies bedeutet aber wiederum eine
Einschränkung bei der Größe des Eingabefeldes.

Aus diesem Grund ist die Anzahl der Eingabezeichen für
jeweils eine Übergangsbedingung bzw. Zustandsanweisung auf
240 Zeichen beschränkt. Für die Mehrzahl der Fälle ist diese
maximale Zeichenzahl völlig ausreichend. Mit der Verwendung
von Unterprogrammtechnik (vgl. Kap. 3.2.3.2) wird diese Einschränkung bedeutungslos.

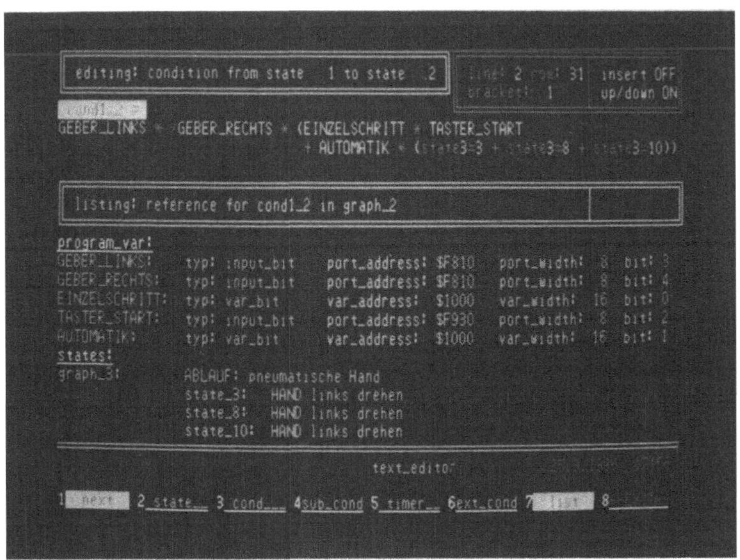

<u>Bild 6.3:</u> Fenstertechnik bei der Eingabe von Booleschen
Gleichungen für Übergangsbedingungen

6.3 <u>Generierung des Datensatzes für den Interpreter</u>

Die mit Hilfe des Grafik- und Texteditors erstellten Dateien
mit den Struktur-, Steuer- und Referenzdaten (vgl. <u>Bild 6.1</u>)
dienen als Grundlage für die Generierung des Datensatzes für
den Interpreter. Der Compiler hat die Aufgabe, die in den
Quelldateien enthaltenen Informationen so aufzubereiten, daß
die für den eigentlichen Übersetzungsvorgang zur Bildung
des Datensatzes unwesentlichen Daten ausgefiltert werden.
Diese für die Steuerung unwichtige Daten bestehen aus Informationen zur grafischen Darstellung bei der Programmeingabe
(vgl. <u>Bild 4.7</u>) und aus zusätzlichen Kommentaren.

Die schrittweise Erstellung eines interpretierbaren Datensatzes (<u>Bild 6.4</u>) unter Anwendung der in Kapitel 3 erarbei-
teten Methoden ist in folgender Sequenz durchzuführen:

- Sortieren der in den Referenzdaten enthaltenen Zuordnungen
  und Bereitstellen der absoluten Adressen von Programmvariablen.

- Ableiten der Struktur des Gesamtprogramms aus den Strukturdaten, Berechnen der Basiszeiger und Ablegen in Tabellen im Block **Programmkopf.**

- Entnahme der globalen Bausteine aus den Steuerdaten für
  die Verwendung in Übergangsbedingungen und Zustandsanweisungen, Übersetzen der Bausteine und Eintragen am Anfang
  des Blocks **Programmdaten.**

- Generieren der Daten für jeden einzelnen Zustandsgraphen:
  a) Entnahme der Graphenstruktur aus der Strukturdatei und
     Bildung der Zeigertabellen für die Zustandsübergangsma-
     trix. Sie werden in den Block **Graphenkopf** eingetragen.
  b) Übersetzung der in der Strukturdatei enthaltenen Über-
     gangsbedingungen und Zustandsanweisungen. Sie bilden
     den Block **Graphendaten.**

c) Integration des gesamten Datensatzes dieses Graphen in den Block **Programmdaten** und Eintragung der Position des Graphen in der zugehörigen Zeigertabelle im Block **Programmkopf.**

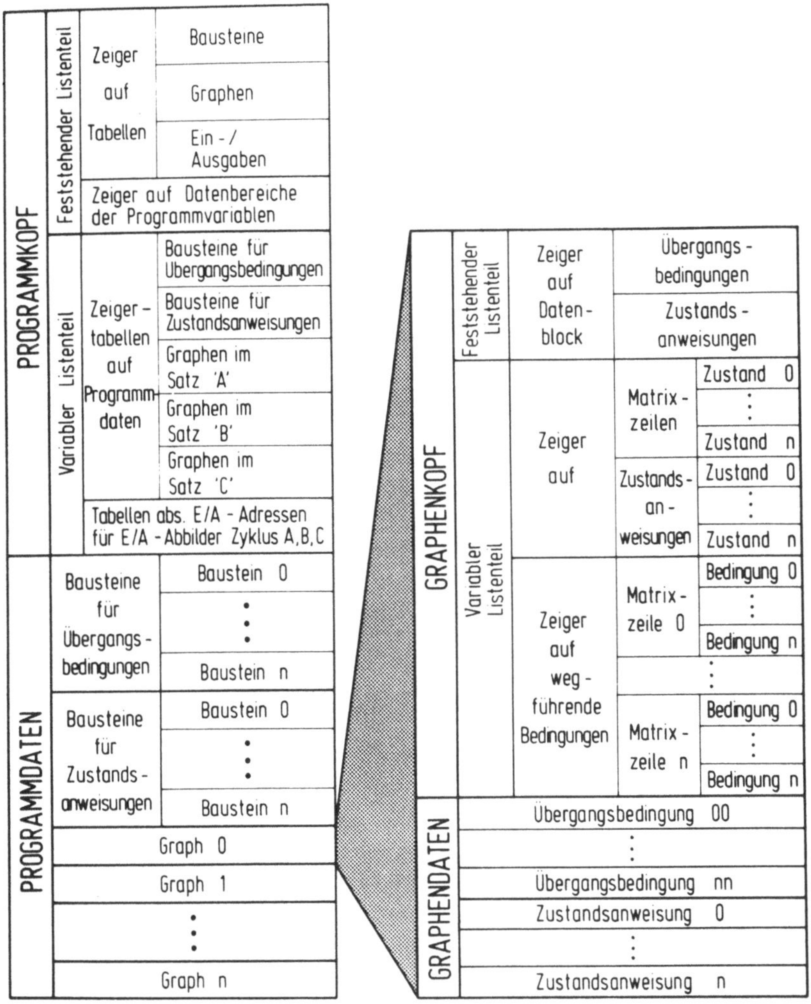

PROGRAMMKOPF

Feststehender Listenteil:
- Zeiger auf Tabellen
  - Bausteine
  - Graphen
  - Ein-/Ausgaben
- Zeiger auf Datenbereiche der Programmvariablen

Variabler Listenteil:
- Zeiger-tabellen auf Programm-daten
  - Bausteine für Übergangsbedingungen
  - Bausteine für Zustandsanweisungen
  - Graphen im Satz 'A'
  - Graphen im Satz 'B'
  - Graphen im Satz 'C'
- Tabellen abs. E/A-Adressen für E/A-Abbilder Zyklus A,B,C

PROGRAMMDATEN

- Bausteine für Übergangs-bedingungen
  - Baustein 0
  - ⋮
  - Baustein n
- Bausteine für Zustands-anweisungen
  - Baustein 0
  - ⋮
  - Baustein n
- Graph 0
- Graph 1
- ⋮
- Graph n

GRAPHENKOPF

Feststehender Listenteil:
- Zeiger auf Daten-block
  - Übergangs-bedingungen
  - Zustands-anweisungen

Variabler Listenteil:
- Zeiger auf
  - Matrix-zeilen
    - Zustand 0
    - ⋮
    - Zustand n
  - Zustands-an-weisungen
    - Zustand 0
    - ⋮
    - Zustand n
- Zeiger auf weg-führende Bedingungen
  - Matrix-zeile 0
    - Bedingung 0
    - ⋮
    - Bedingung n
  - ⋮
  - Matrix-zeile n
    - Bedingung 0
    - ⋮
    - Bedingung n

GRAPHENDATEN

- Übergangsbedingung 00
- ⋮
- Übergangsbedingung nn
- Zustandsanweisung 0
- ⋮
- Zustandsanweisung n

Bild 6.4: Vom Compiler erzeugter Datensatz für den Interpreter

Als Optionen für den Compiler sind folgende zusätzliche Aufgaben anzusehen:

- Beim Übersetzungslauf sollen Dateien zur Dokumentation und zur Hilfe für Inbetriebnahme und Test erzeugt werden. Mit zusätzlichen Optionsparametern wird festgelegt, wie ausführlich diese Dokumentation erstellt werden soll.

- Querverweislisten dienen zur Darstellung der Verkettung einzelner Graphen und Symboltabellen ermöglichen die Rückübersetzbarkeit des erzeugten Datensatzes.

- Die Option der Teilkompilierung bietet die separate Übersetzung eines einzelnen Graphen. Hiermit kann eine Reduzierung der Zeit für eine Programmänderung erreicht werden. Es muß daher bei einer kleinen Änderung innerhalb eines einzelnen Graphen nicht jedesmal das gesamte Steuerprogramm übersetzt und in die Steuerung übertragen werden. Aufgrund des gut strukturierten Datensatzes läßt sich diese Funktion verwirklichen. Bei graphenübergreifenden Änderungen ist die Teilkompilierung jedoch nicht immer durchführbar, es müssen für diese Fälle Vorkehrungen im Compiler getroffen werden.

6.4 Interpretative Bearbeitung eines Steuerprogramms

Um Aussagen über die Zykluszeiten bei der interpretativen Bearbeitung und damit über die Zeitanforderungen entsprechend Abschnitt 3.2.1 machen zu können, werden nachfolgend die erreichten Zeiten an einem beispielhaften Steuerprogramm aufgezeigt. Als Beispiel einer zu steuernden Einrichtung wird die Werkzeugaustauscheinrichtung nach Bild 2.8 herangezogen. Die hierfür erforderlichen Basisgraphen für die Elementarbaugruppen EG 1...10 und Ablaufgraphen für die Funktionsgruppen FG 1...5 und der Systemgruppe SG 1 können aus Bild 6.5 entnommen werden.

Graph	Name des Zustandsgraphen	V_{km}			t_{Bmax} [μs]	t_{GM} [μs]		
		I	II	III		I	II	III
EG 1	Werkzeugfixierung Greifer	2.125	2.167	1.600	82.36	175.02	178.45	131.78
EG 2	Wechsler schwenken	2.125	2.167	1.600	82.36	175.02	178.45	131.78
EG 3	Werkzeuggreifer	2.125	2.167	1.600	82.36	175.02	178.45	131.78
EG 4	Hubeinrichtung	2.125	2.167	1.600	82.36	175.02	178.45	131.78
EG 5	Motor Transportkette 1	2.300	2.300	1.555	78.19	179.84	179.84	121.63
EG 6	Motor Transportkette 2	2.300	2.300	1.555	78.19	179.84	179.84	121.63
EG 7	Fixierung Transp.-kette 1	2.125	2.167	1.600	82.36	175.02	178.45	131.78
EG 8	Fixierung Transp.-kette 2	2.125	2.167	1.600	82.36	175.02	178.45	131.78
EG 9	Werkzeugfixierung Kette 1	2.125	2.167	1.600	82.36	175.02	178.45	131.78
EG 10	Werkzeugfixierung Kette 2	2.125	2.167	1.600	82.36	175.02	178.45	131.78
FG 1	Werkzeug austauschen	1.077	1.077	1.077	78.19	84.20	84.20	84.20
FG 2	Werkzeug suchen Kette 1	1.250	1.250	1.250	73.67	92.08	92.08	92.08
FG 3	Werkzeug suchen Kette 2	1.250	1.250	1.250	73.67	92.08	92.08	92.08
FG 4	Leerplatz suchen Kette 1	1.250	1.250	1.250	73.67	92.08	92.08	92.08
FG 5	Leerplatz suchen Kette 2	1.250	1.250	1.250	73.67	92.08	92.08	92.08
SG 1	Suchlauf und Austausch	1.167	1.167	1.167	68.69	80.14	80.14	80.14
Durchschnitt		1.803	1.824	1.447	78.55	143.28	145.00	114.39

Werte:

$$t_{E/A} = 89.00 \ \mu s$$
$$t_{BV} = 5.25 \ \mu s$$
$$t_{GV} = 15.50 \ \mu s$$
$$t_{Test} = 19.95 \ \mu s$$
$$t_{Log} = 8.33 \ \mu s$$

t_{ZM} [ms]	I	2.6295	--	--
	II	--	2.6570	--
	III	--	--	2.1671

Bild 6.5: Berechnung der mittleren Bearbeitungszeit des beispielhaften Steuerprogramms

An diesem Beispiel werden 3 unterschiedliche Versionen bei den Basisgraphen verglichen:

I Basisgraphen mit erweiterter Zeitüberwachung zur Fehlererkennung nach **Bild 2.5b**,

II Basisgraphen mit vereinfachter Zeitüberwachung zur Fehlererkennung nach **Bild 2.5a**.

III Basisgraphen ohne Zeitüberwachung nach **Bild 2.3b**.

Aufgrund der Einführung einer Fehlererkennung zeigt sich für Fall I und II eine Erhöhung des Mittelwerts aus den Verknüpfungstiefen aller Graphen um den Faktor 1,25. Die mittlere Verknüpfungstiefe ergibt sich bei I und II zu $V_{km}=1{,}80$ und bei III zu $V_{km}=1{,}44$.

Für die Berechnung der mittleren Bearbeitungszeiten t_{GM} für die einzelnen Graphen des Steuerprogramms liegen die Gleichungen 3.15, 3.21 und 3.22 sowie die Werte in <u>Bild 6.5</u> zugrunde. Die mittlere Bearbeitungszeit t_{ZM} des gesamten Steuerprogramms erhält man aus der Gleichung 3.16. Auch hier ergibt der Vergleich der Fälle I und II mit III eine Erhöhung der mittleren Bearbeitungszeit um den Faktor 1,25.

Der Vergleich mit den erreichten Werten in den Tabellen in <u>Bild 6.6</u> läßt erkennen, daß die Näherungsformeln zur Abschätzung der mittleren Bearbeitungszeit für ein Steuerprogramm genügen. Als wesentliches Ergebnis kann man sagen, daß für die Bearbeitungszeit die Komplexität der Zustandsgraphen (d.h. die Anzahl der Zustände und Übergangsbedingungen) nicht entscheidend ist, sondern hauptsächlich die Anzahl der Graphen in einem Programm und deren Verknüpfungstiefe.

So ergibt sich für das Beispiel von $t_{ZM}=$ 2,8 ms bei 16 Zustandsgraphen eine Zeit von $t_{GM}=$ 175 µs pro Graph. Bei einer zulässigen Bearbeitungszeit von 20 ms kann daher ein Steuerprogramm ohne weiteres ca. 100 Zustandsgraphen bei einer mittleren Verknüpfungstiefe von $V_{km}=$ 2 enthalten. Da sich Werkzeugmaschinen je nach Komplexitätsgrad in der Mehrzahl mit weniger als 40 Zustandsgraphen beschreiben lassen, können die zeitlichen Anforderungen erfüllt werden und es bestätigt sich die Anwendbarkeit des interpretativen Verfahrens zur Abarbeitung der Zustandsgraphen in der SPS.

6.5 <u>Anzeige der vom Grapheninterpreter erzeugten Testdaten</u>

Für die Inbetriebnahme von Steuerprogrammen bietet der auf der Steuerung implementierte Grapheninterpreter Funktionen zur Auflistung von Daten, welche für die Fehlerlokalisierung interessant sind. So können Zustandsänderungen, Signaländerungen und Programmparameteränderung mittels einer triggerbaren Tracefunktion (Kap. 5.3) festgehalten werden.

FG_1: Austauschen Werkzeug

Zustands- wechsel GRAPH:	I Zeit [ms]	II Zeit [ms]	III Zeit [ms]
FG_1= 1	2.878	2.878	2.261
FG_1= 2	2.805	2.805	2.188
[illegible]	2.735	-	-
FG_1= [illegible]	[illegible]	2.706	2.110
EG_1= 6	2.735	[illegible]	2.188
EG_1= 4	2.747	2.706	[illegible]
EG_1= 1	2.805	2.805	2.188
FG_1=10	2.805	2.805	2.188
EG_3= 6	2.735	-	-
EG_3= 4	2.747	2.706	2.110
EG_3= 1	2.805	2.805	2.188
FG_1=11	2.801	2.801	2.184
Mittel:	2.7732	2.7728	2.1639

VERGLEICH DER ERGEBNISSE		
Vergleich	gemessen	berechnet
Zeit I	2.7732 ms	2.6295 ms
Zeit II	2.7728 ms	2.6570 ms
Zeit III	2.1639 ms	2.1671 ms

FG_2: Werkzeug suchen in Magazin I

Zustands- wechsel GRAPH:	I Zeit [ms]	II Zeit [ms]	III Zeit [ms]
FG_2= 1	2.878	2.878	2.334
FG_2= 2	2.756	2.756	2.213
EG_7= 5	2.687	-	-
EG_7= 2	2.699	2.657	2.135
EG_7= 3	2.756	2.756	2.213
FG_2= 3	2.776	2.776	2.232
EG_5= 2	2.689	2.689	2.142
EG_5= 3	2.705	2.705	2.146
FG_2= 4	2.686	2.686	2.127
EG_5= 4	2.679	2.679	2.123
EG_5= 5	2.667	2.667	2.123
EG_5= 1	2.756	2.756	2.213
FG_2= 5	2.756	2.756	2.213
EG_7= 6	2.687	-	-
EG_7= 4	2.699	2.657	2.135
EG_7= 1	2.756	2.756	2.213
FG_2= 6	2.753	2.753	2.209
Mittel:	2.7285	2.7285	2.1847

VERGLEICH DER ERGEBNISSE		
Vergleich	gemessen	berechnet
Zeit I	2.7285 ms	2.6295 ms
Zeit II	2.7285 ms	2.6570 ms
Zeit III	2.1847 ms	2.1671 ms

Erlauterungen:

FG_2= 1 : Der Graph der Funktionsgruppe 2 befindet sich
nun im Zustand 1

I : erweiterte Zeituberwachung
II : vereinfachte Zeitüberwachung
III: ohne Zeitüberwachung

Bild 6.6: Messungen für die mittleren Bearbeitungszeit des
beispielhaften Steuerprogramms

Für die Anzeige der im Trace festgehaltenen Daten bietet die
Programmier- und Testeinrichtung verschiedene Darstellungs-

möglichkeiten. So sollen zum einen nur eine Auswahl von Daten aus der Traceliste vergleichend auf dem Bildschirm dargestellt werden können und zum andern die gesamte Traceliste abgebildet werden. Hierfür erfolgt die Anzeige abschnittsweise und kann auf dem Bildschirm mittels Funktionstasten verschoben werden.

Die Darstellung der Daten kann auf zwei Arten erfolgen. Eine Form ist die tabellarische Auflistung der Informationen analog zu <u>Bild 5.6</u>. Die andere Art besteht in der Abbildung mittels Zeitdiagrammen (<u>Bild 6.7</u>) unter Ausnutzung der grafischen Eigenschaften des als PuTE eingesetzten Personalcomputers. Dabei werden die Zustandsnummern nach einem Zustandswechsel direkt in das Zeitdiagramm eingetragen. Die Darstellung der Ein- und Ausgabesignale (im Bild mit E und A bezeichnet) lassen erkennen, welche Eingabesignaländerung einen Zustandswechsel bewirkt und welche Ausgabesignale sich aufgrund eines Zustandswechsels verändern.

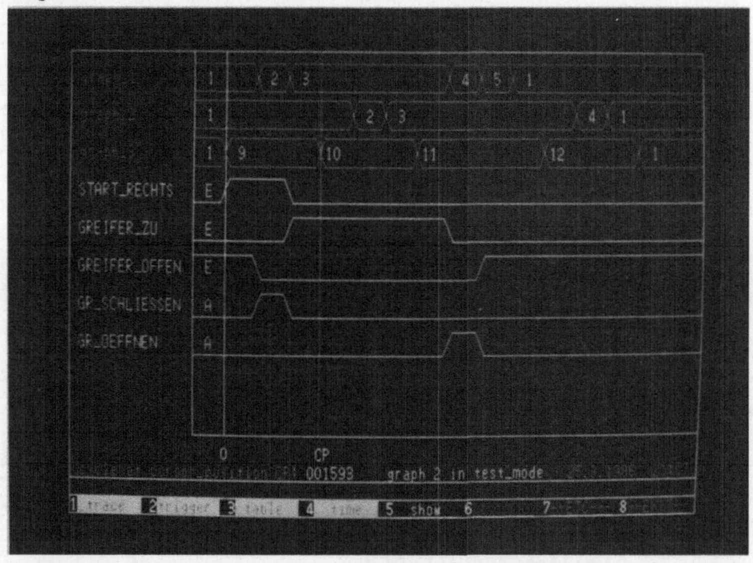

<u>Bild 6.7:</u> Darstellung der Tracedaten in einem Zeitdiagramm

7 Zusammenfassung

Bei der Erstellung von Steuerprogrammen für speicherprogrammierbare Steuerungen erweist sich die Darstellung mit Zustandsgraphen als Beschreibungsform bezüglich Übersichtlichkeit und Verständlichkeit gegenüber den bekannten, in der
DIN-Norm und den VDI-Richtlinien festgelegten Beschreibungs-
formen wie Kontaktplan, Funktionsplan, Logikplan und Fluß-
diagramm als besonders vorteilhaft. Um komplexe Steuerungsaufgaben lösen zu können, müssen dem Entwickler zusätzliche
Hilfsmittel zur Verfügung stehen, die ihm erlauben, auch
diese Aufgaben rechnerunterstützt mit dem Entwurfsmittel
'Zustandsgraph' zu beschreiben. Bei der Programmierung von
Steuerungsaufgaben muß sich dabei die Beschreibungsform
direkt als Programmiersprache für speicherprogrammierbare
Steuerungen einsetzen lassen.

In einem ersten Schritt werden die Anforderungen aufgezeigt,
welche zur Darstellung von Steuerungsaufgaben an die Beschreibungsform 'Zustandsgraph' gestellt werden. Die Gliederung einer zu steuernden Anlage in Funktionseinheiten bildet
die Grundlage für die Auswahl geeigneter Graphen. Die Struktur der Graphen und die Gestaltung der Übergangsbedingungen
werden im Hinblick auf die Verkettung von Graphen untereinander und der Einbindung einer Fehlererkennung zu Diagnose-
zwecken untersucht.

Schwerpunkt der Arbeit bilden Untersuchungen, wie ein mit
Zustandsgraphen entworfenes Steuerprogramm mit einer prozes-
sorunabhängigen Datenstruktur dargestellt werden kann. Die
Erzeugung eines Datensatzes und die Ermittlung geeigneter
Interpreteralgorithmen für die Bearbeitung des Datensatzes
in der Steuerung unter Berücksichtigung einer möglichst
geringen Interpretationszeit stehen dabei im Vordergrund.
Hauptaufgabe ist die Umwandlung der Struktur von Zustands-
graphen, sowie der mit Booleschen Gleichungen formulierten
Übergangsbedingungen und der Zustandsanweisungen in inter-

pretierbare Daten. Zeitkritische Signale besitzen einen
wesentlichen Einfluß auf den Aufbau des Steuerprogramms und
erfordern zusätzliche Analysen.

Für die interaktive Programmeingabe werden Anforderungen an
eine Programmier- und Testeinrichtung aufgezeigt und Grundfunktionen für die hierfür notwendigen Editoren zur grafischen und alphanumerischen Eingabe ermittelt.

Ausgehend von einer konsequent eingehaltenen, planmäßigen
Programmiermethodik lassen sich Testfunktionen für den Programmtest von Steuerprogrammen auf Basis Zustandsgraphen
ableiten. Strategien zur Lokalisierung von Programmfehlern
und steuerungsexternen Fehlern bei der Inbetriebnahme einer
Anlage ergeben sich aufgrund einer Analyse von statischen
und dynamischen Fehlerauswirkungen bei Zustandsgraphen.

Mit Hilfe der Zustandsgraphen entsteht in der Steuerung ein
zustandsorientiertes Funktionsmodell einer Anlage. Dies
erlaubt den Einsatz systematischer Verfahren zur Programmierung, Inbetriebnahme und Test. Besondere Bedeutung erhält
das zustandsorientierte Funktionsmodell durch die Möglichkeit für die Fehlerdiagnose von steuerungsexternen Fehlern
/45/. Es bietet die notwendige Voraussetzung, um eine integrierte Fehlerdiagnose /46/ zu verwirklichen.

Schrifttum

/1/ Stute, G.

Der Einfluß neuer Steuerungsentwick-
lungen auf die Fertigungstechnik.
wt-Z. f. ind. Fertig. 70 (1981) Nr.4,
S.261...271.

/2/ Schwager, J.

Diagnose steuerungsexterner Fehler an
Fertigungseinrichtungen. ISW 48.
Berlin, Heidelberg, New York, Tokyo:
Springer-Verlag, 1983.

/3/ Storr, A.
Grimm, W.

Eingabesprache für Funktionssteuerungen
mit Fehlerüberwachung. wt-Z. f. ind.
Fertig. 75 (1985) Nr.6, S.353...357.

/4/

DIN 19 239 (Entwurf). Steuerungstechnik;
Speicherprogrammierte Steuerungen,
Programmierung. April 1981.

/5/

DIN 40 719, Teil 6. Schaltungsunter-
lagen, Regeln und graphische Symbole
für Funktionspläne. März 1977.

/6/ Herrscher, A.

Flexible Fertigungssysteme: Entwurf und
Realisierung prozeßnaher Steuerungs-
funktionen. ISW 39. Berlin, Heidelberg,
New York: Springer-Verlag, 1982.

/7/ Renn, W.

Transportgerätesteuerung für ein
flexibles Fertigungssystem. Anforderungen und Lösungsstrukturen.
Essen: W. Girardet-Verlag, HGF-Kurzbe-
richte (Loseblattsammlung), Blatt 83/32.

/8/ Renn, W.   Transportgerätesteuerung für ein
                            flexibles Fertigungssystem -
                            Realisierte Lösung.
                            Essen: W. Girardet-Verlag, HGF-Kurzbe-
                            richte (Loseblattsammlung), Blatt 84/46.

/9/ Rieger, K.-H.,   Algorithmen zur Generierung von Program-
     Schimmele, A.   men für speicherprogrammierte Steuerungen.
                            Essen: W. Girardet-Verlag, HGF-Kurzbe-
                            richte (Loseblattsammlung), Blatt 80/54.

/10/ Schimmele, A.   Rechnerunterstützter Entwurf von Funk-
                            tionssteuerungen für Fertigungsein-
                            richtungen. ISW 41. Berlin, Heidelberg,
                            New York: Springer-Verlag, 1981.

/11/ Fink, H.   Einsatz speicherprogrammierbarer
                            Steuerungen in der Fertigungstechnik.
                            ISW 62. Berlin, Heidelberg, New York,
                            Tokyo: Springer-Verlag, 1986.

/12/ Grimm, W.   Maskentechnik zur Abarbeitung von pro-
                            zessorunabhängigen Funktionssteuerungs-
                            programmen. Essen: W. Girardet-Verlag,
                            HGF-Kurzberichte, (Loseblattsammlung),
                            85/92.

/13/ Fleckenstein, J.   Implementierung von Funktionssteuer-
                            programmen für Mikrorechner auf Basis
                            von Zustandsgraphen. Essen:
                            W. Girardet-Verlag, HGF-Kurzberichte
                            (Loseblattsammlung), 86/10.

/14/ Fleckenstein, J.   Programmierung von Funktionssteuerungen
                            mit Zustandsgraphen. Essen:
                            W. Girardet-Verlag, HGF-Kurzberichte
                            (Loseblattsammlung), 85/93.

/15/ Bochmann, D.   Einführung in die strukturelle Automa-
                        tentheorie.
                        München, Wien: Carl Hanser Verlag, 1975.

/16/ Hackl, C.   Schaltwerk- und Automatentheorie I.
                        Berlin, New York: Walter de Gruyter,
                        1972.

/17/ Moore, E. F.   Gedankenexperiments on sequential
                        machines. In: C.E. Shannon and J. Mc-
                        Carthy (ed): Automata Studies, Prince-
                        ton, N.J. 1956.

/18/   DIN 44 300 (Entwurf). Informations-
                        verarbeitung; Begriffe. März 1982.

/19/ König, H.   Entwurf und Strukturanalyse von Steue-
                        rungen für Fertigungseinrichtungen.
                        ISW 13. Berlin, Heidelberg, New York:
                        Springer-Verlag, 1976.

/20/ Schwager, J.   Externe Diagnosesysteme für PC-gesteu-
                        erte Maschinen.
                        Essen: W. Girardet-Verlag, HGF-Kurzbe-
                        richte (Loseblattsammlung), Blatt 80/9.

/21/ Stute, G.   Mikrorechner zur Fehlerdiagnose an
     Schwager, J.   Fertigungseinrichtungen.
                        wt-Z. ind. Fertig. 71 (1981), Nr.8,
                        S.477...480.

/22/ Fleckenstein, J.   Inbetriebnahme und Test von Steuerpro-
                        grammen für Funktionssteuerungen mit
                        Grapheninterpreter. Essen:
                        Girardet-Verlag, HGF-Kurzberichte
                        (Loseblattsammlung), 86/23.

/23/ Stute, G.,   Rechnerunterstützter Entwurf elektri-
     Rieger, K.-H.   scher Steuerungen für Fertigungsein-
     Schimmele, A.   richtungen. Karlsruhe: Gesellschaft f.
                      Kernforschung mbH, KfK-CAD 154, 1980.

/24/ Rieger, K.-H.   Rechnerunterstützte Projektierung der
                      Hardware und Software von speicher-
                      programmierten Steuerungen. ISW 55.
                      Berlin, Heidelberg, New York, Tokyo:
                      Springer-Verlag, 1985.

/25/ Gottschalk, W.   Petri-Netze in der Eisenbahnsignal-
                      technik. Signal + Draht 69 (1977),
                      Heft 8, S.171...179.

/26/ Meyer, G.   Beschreibung, Analyse und Implemen-
     Fensch, S.   tierung von softwarerealisierten
                      Steuerungen durch Petri-Netze. Berlin:
                      msr, H. 24 (1981), S.508...512.

/27/ Wedekind, H.   Datenorganisation. Berlin, New York:
                      Walter de Gruyter, 1975.

/28/ Steinbuch, K.   Taschenbuch der Informatik. Band 2:
     Weber, W.   Struktur und Programmierung von EDV-
                      Systemen. Berlin, Heidelberg,
                      New York: Springer-Verlag, 1974.

/29/ VDI 2880   VDI-Richtlinien: Speicherprogrammierbare
                      Steuerungsgeräte, Blatt 4: Programmier-
                      sprachen.

/30/ Fleckenstein, J. Grapheninterpreter für die Abarbeitung
                      von Funktionssteuerungsprogrammen in
                      Mikroprozessorsteuerungen. Essen:
                      Girardet-Verlag, HGF-Kurzbericht
                      (Lose-Blatt-Sammlung) 82/40.

/31/ Herschel, R.   Pascal, Systematische Darstellung von
     Pieper, F.   Pascal und Concurrent Pascal für den
                     Anwender. München, Wien: R.Oldenbourg
                     Verlag, 1981.

/32/ Schneider, H.J. Compiler, Aufbau und Arbeitsweise
                     Berlin, New York: Walter de Gruyter,
                     1975.

/33/ VDI 2880   VDI-Richtlinien: Speicherprogrammierbare
                     Steuerungsgeräte, Blatt 1: Definitionen
                     und Kenndaten.

/34/ Gehrke, U.   Hardware- und Softwarelösung einer
                     parallel arbeitenden speicherprogram-
                     mierbaren Steuerung zur Verarbeitung
                     zeitkritischer Signale. Schriftenreihe
                     Institut f. Automatisierungstechnik,
                     Ruhr-Universität Bochum; 85,3. 1985.

/35/ Bräuer, C.   Einsatz und Programmierung speicherpro-
                     grammierbarer Steuerungen.
                     Automatisierungstechnische Praxis atp,
                     27 (1985) H.3, S.137...144.

/36/ Renn, W.   Struktur und Aufbau prozeßnaher
                     Steuergeräte zur Verkettung in
                     flexiblen Fertigungssystemen. ISW 58.
                     Berlin, Heidelberg, New York, Tokyo:
                     Springer Verlag, 1986.

/37/ VDI 2880   VDI-Richtlinien: Speicherprogrammierbare
                     Steuerungsgeräte, Blatt 2: Prozeß- und
                     Datenschnittstellen.

/38/ Kuske, D.   Die Kommunikationstechnik der Prozeß-
                       steuerungssysteme unter dem Einfluß
                       neuer Fertigungsstrategien.
                       In: VDI-Bericht 586, Düsseldorf:
                       VDI-Verlag, 1986, S.13...28.

/39/ Storr, A.   Numerische Standardsteuerungen in ver-
     Härdtner, M.   ketteten Fertigungssystemen.
     Möller, H.   wt-Z. ind. Fertig. 75 (1985),
                         S.367...370.

/40/ Bronstein, I.N.   Taschenbuch der Mathematik.
     Semendjajew,K.A.   Zürich, Frankfurt: Verlag Harri
                         Deutsch, 1973.

/41/ Fleckenstein, J.   Elektronik erleichtert Maschinenbau
                        das Programmieren. VDI-Nachrichten
                        1986, Nr.5, S.5.

/42/ Enderle, G.   Die Funktionen des Graphischen Kern-
                         systems. Informatik Spektrum 6 (1983),
                         S.55...75.

/43/ VDI 2880   VDI-Richtlinien: Speicherprogrammierbare
                        Steuerungsgeräte, Blatt 3: Program-
                        und Testeinrichtungen.

/44/ Kaufhold, H.   Möglichkeiten und Grenzen der Bild-
                         schirmprogrammierung.
                         In: VDI-Bericht 481, Düsseldorf:
                         VDI-Verlag, 1983, S.21...26.

/45/ Storr, A.   Steuerungsbeschreibung und Diagnose-
     Grimm, W.   programmerstellung mit Zustandsgraphen.
                         In: VDI-Bericht 586, Düsseldorf:
                         VDI-Verlag, 1986, S.123...136.

/46/ Grimm, W.   Diagnosesystems für steuerungsexterne
                      Fehler an Fertigungseinrichtungen.
                      Berlin, Heidelberg, New York, Tokyo:
                      Springer-Verlag. Erscheint demnächst.

ISW Forschung und Praxis

Berichte aus dem Institut für Steuerungstechnik der Werkzeugmaschinen und Fertigungseinrichtungen der Universität Stuttgart

Herausgegeben bis Band 57 von Prof. Dr.-Ing. G. Stute †
ab Band 58 von Prof. Dr.-Ing. G. Pritschow

ISW 1: D. Schmid, Numerische Bahnsteuerung, 89 S., 1972

ISW 2: H. Schwegler, Fräsbearbeitung gekrümmter Flächen, 111 S., 1972

ISW 3: J. Eisinger, Numerisch gesteuerte Mehrachsenfräsmaschinen, 90 S., 1972

ISW 4: R. Nann, Rechnersteuerung von Fertigungseinrichtungen, 125 S., 1972

ISW 5: G. Augsten, Zweiachsige Nachformeinrichtungen, 140 S., 1972

ISW 6: B. Karl, Die Automatisierung der Fertigungsvorbereitung durch NC-Programmierung, 121 S., 1972

ISW 7: H. Eitel, NC-Programmiersystem, 117 S., 1973

ISW 8: E. Knorr, Numerische Bahnsteuerung zur Erzeugung von Raumkurven auf rotationssymmetrischen Körpern, 131 S., 1973

ISW 9: S. Bumiller, Viskohydraulischer Vorschubantrieb, 123 S., 1974

ISW 10: K. Maier, Grenzregelung an Werkzeugmaschinen, 139 S., 1974

ISW 11: J. Waelkens, NC-Programmierung, 159 S., 1974

ISW 12: E. Bauer, Rechnerdirektsteuerung von Fertigungseinrichtungen, 138 S., 1975

IWS 13: H. König, Entwurf und Strukturtheorie von Steuerungen für Fertigungseinrichtungen, 206 S., 1976

ISW 14: H. Damsohn, Fünfachsiges NC-Fräsen, 143 S., 1976

ISW 15: H. Jetter, Programmierbare Steuerungen, 141 S., 1976

ISW 16: H. Henning, Fünfachsiges NC-Fräsen gekrümmter Flächen, 179 S., 1976

ISW 17: K. Boelke, Analyse und Beurteilung von Lagesteuerungen für numerisch gesteuerte Werkzeugmaschinen, 106 S., 1977

ISW 18: F.-R. Götz, Regelsystem mit Modellrückkopplung für variable Streckenverstärkung, 116 S., 1977

ISW 19: H. Tränkle, Auswirkungen der Fehler in den Positionen der Maschinenachsen beim fünfachsigen Fräsen, 103 S., 1977

ISW 20: P. Stof, Untersuchungen über die Reduzierung dynamischer Bahnabweichungen bei numerisch gesteuerten Werkzeugmaschinen, 118 S., 1978

ISW 21: R. Wilhelm, Planung und Auslegung des Materialflusses flexibler Fertigungssysteme, 158 S., 1978

ISW 22: N. Kappen, Entwicklung und Einsatz einer direkten digitalen Grenzregelung für eine Fräsmaschine mit CNC, 123 S., 1979

ISW 23: H. G. Klug, Integration automatisierter technischer Betriebsbereiche, 124 S., 1978

ISW 24: D. Binder, Interpolation in numerischen Bahnsteuerungen, 132 S., 1979

ISW 25: O. Klingler, Steuerung spanender Werkzeugmaschinen mit Hilfe von Grenzregeleinrichtungen (ACC), 124 S., 1979

ISW 26: L. Schenke, Auslegung einer technologisch-geometrischen Grenzregelung für die Fräsbearbeitung, 113 S., 1979

ISW 27: H. Wörn, Numerische Steuersysteme - Aufbau und Schnittstellen eines Mehrprozessorsteuersystems, 141 S., 1979

ISW 28: P. B. Osofisan, Verbesserung des Datenflusses beim fünfachsigen NC-Fräsen, 104 S., 1979

ISW 29: J. Berner, Verknüpfung fertigungstechnischer NC-Programmiersysteme, 101 S., 1979

ISW 30: K.-H. Böbel, Rechnerunterstütze Auslegung von Vorschubantrieben, 113 S., 1979

ISW 31: W. Dreher, NC-gerechte Beschreibung von Werkstücken in fertigungstechnisch orientierten Programmiersystemen, 105 S., 1980

ISW 32: R. Schurr, Rechnerunterstützte Projektierung hydrostatischer Anlagen, 115 S., 1981

ISW 33: W. Sielaff, Fünfachsiges NC-Umfangsfräsen verwundener Regelflächen. Beitrag zur Technologie und Teileprogrammierung, 97 S., 1981

ISW 34: J. Hesselbach, Digitale Lageregelung an numerisch gesteuerten Fertigungseinrichtungen, 111 S., 1981

ISW 35: P. Fischer, Rechnerunterstützte Erstellung von Schaltplänen am Beispiel der automatischen Hydraulikplanzeichnung, 111 S., 1981

ISW 36: U. Ackermann, Rechnerunterstützte Auswahl elektrischer Antriebe für spanende Werkzeugmaschinen, 118 S., 1981

ISW 37: W. Döttling, Flexible Fertigungssysteme – Steuerung und Überwachung des Fertigungsablaufs, 105 S., 1981

ISW 38: J. Firnau, Flexible Fertigungssysteme – Entwicklung und Erprobung eines zentralen Steuersystems, 112 S., 1982

ISW 39: A. Herrscher, Flexible Fertigungssysteme – Entwurf und Realisierung prozeßnaher Steuerungsfunktionen, 103 S., 1982

ISW 40: U. Spieth, Numerische Steuersysteme – Hardwareaufbau und Ablaufsteuerung eines Mehrprozessorsteuersystems, 115 S., 1982.

ISW 41: A. Schimmele, Rechnerunterstützter Entwurf von Funktionssteuerungen für Fertigungseinrichtungen, 106 S., 1982

ISW 42: M. Sanzenbacher, NC-gerechte Beschreibung von Werkstücken mit gekrümmten Flächen, 105 S., 1982.

ISW 43: W. Walter, Interaktive NC-Programmierung von Werkstücken mit gekrümmten Flächen, 112 S., 1982.

ISW 44: J. Huan, Bahnregelung zur Bahnerzeugung an numerisch gesteuerten Werkzeugmaschinen, 95 S., 1982.

ISW 45: H. Erne, Taktile Sensorführung für Handhabungseinrichtungen – Systematik und Auslegung der Steuerungen, 111 S., 1982.

ISW 46: D. Plasch, Numerische Steuersysteme – Standardisierte Softwareschnittstellen in Mehrprozessor-Steuersystemen, 112 S., 1983

ISW 47: Z. L. Wang, NC-Programmierung – Maschinennaher Einsatz von fertigungstechnisch orientierten Programmiersystemen, 103 S., 1983

ISW 48: J. Schwager, Diagnose steuerungsexterner Fehler an Fertigungseinrichtungen, 121 S., 1983

ISW 49: P. Klemm, Strukturierung von flexiblen Bediensystemen für numerische Steuerungen, 113 S., 1984

ISW 50: W. Runge, Simulation des dynamischen Verhaltens elektrohydraulischer Schaltungen – Einsatz von geräteorientierten, universellen Simulationsbausteinen, 132 S., 1984

ISW 51: H. Steinhilber, Planung und Realisierung von Werkzeugversorgungssystemen für die NC-Bearbeitung, 126 S., 1984

ISW 52: R. Ohnheiser, Integrierte Erstellung numerischer Steuerdaten für flexible Fertigungssysteme, 115 S., 1984

ISW 53: M. Keppeler, Führungsgrößenerzeugung für numerisch bahngesteuerte Industrieroboter, 125 S., 1984

ISW 54: P. Kohler, Automatisiertes Messen mit NC-Werkzeugmaschinen, 129 S., 1985

ISW 55: K.-H. Rieger, Rechnerunterstützte Projektierung der Hardware und Software von speicherprogrammierten Steuerungen, 123 S., 1985

ISW 56: G. Vogt, Digitale Regelung von Asynchronmotoren für numerisch gesteuerte Fertigungseinrichtungen, 126 S., 1985

ISW 57: S. Chmielnicki, Flexible Fertigungssysteme – Simulation der Prozesse als Hilfsmittel zur Planung und zum Test von Steuerprogrammen, 120 S., 1985

ISW 58: W. Renn, Struktur und Aufbau prozeßnaher Steuergeräte zur Verkettung in flexiblen Fertigungssystemen, 137 S., 1986

ISW 59: K. Harig, Quantisierung im Lageregelkreis numerisch gesteuerter Fertigungseinrichtungen, 113 S., 1986

ISW 60: H. Frank, Programmier- und Überwachungsfunktionen für teileartbezogene NC-Werkzeugmaschinen, 115 S., 1986

ISW 61: H. Möller, Integrierte Überwachungs- und Diagnose-Systeme für numerische Steuerungen, 131 S., 1986

ISW 62: H. Fink, Einsatz speicherprogrammierbarer Steuerungen in der Fertigungstechnik, 126 S., 1986

ISW 63: J. Fleckenstein, Zustandsgraphen für SPS – Grafikunterstützte Programmierung und steuerungsunabhängige Darstellung, 139 S., 1987

ISW 64: E. Wagner, Steuerung von Koordinatenmeßgeräten mit schaltenden und messenden Tastsystemen, 133 S., 1987

ISW 65: W. Grimm, Diagnosesystem für steuerungsperiphere Fehler an Fertigungseinrichtungen, 143 S., 1987

Die Bände ISW 1 bis ISW 48 sind vergriffen.

Springer-Verlag
Berlin Heidelberg New York Tokyo